心理医生的故事盒子

[阿根廷] 豪尔赫·布卡伊——著

梅静——译

JORGE BUCAY

DÉJAME
QUE
TE CUENTE

万卷出版有限责任公司

VOLUMES PUBLISHING COMPANY

果麦文化 出品

序｜心理治疗中的故事和隐喻

本书的作者是完形学派（又称格式塔学派）的心理医生，我多年来也是主攻这个流派的，不免对书的内容感到好奇。

打开书稿，翻到了正式的第一个故事：《初次会面》。

这个故事也不过一千二百多字，却一下子吸引了我。满满的古典完形气质扑面而来。让我们来细品其中的文字吧：

> 第一次去豪尔赫的诊疗室，我就知道他不是个传统的心理治疗师。克劳迪娅管豪尔赫叫"矮胖子"。之前向我推荐他时，她就提醒过我："这矮胖子可是个特别的家伙。"

不由得想起那个心理治疗界三大高手面谈一个女抑郁症病人、"比拼"咨询水平的著名视频。理性情绪疗法的创始人阿尔伯特·艾利斯严肃认真，当事人中心疗法的创始人卡尔·罗杰斯和蔼温暖，只有完形疗法的创始人弗雷德里克·皮尔斯胡子拉碴，和女病人格洛丽亚一起，边聊边抽着烟，吞云吐雾。那份无拘无束，那份不修边幅，那份不装专家，背后是满满的生命力量。这就是完形的价值观，追求自在、自由、豁达、真实。

……我比约定时间早到五分钟，于是站在大楼前等了一会儿。

四点半，我准时按响门铃。听到有人开了锁，我推开门，径直上了九楼。

我站在走廊上等。

等啊。

等啊。

等！

等不下去了！我按响了公寓门铃。

开门的是个男人。乍看之下，他一身好似要去野餐的打扮：牛仔裤、网球鞋、亮橙色T恤。

"你好。"他说。必须承认，他的微笑立刻让我放松下来。

"你好，"我应道，"我是德米安。"

"嗯，我知道。怎么啦？这么久才上来？迷路啦？"

"不，其实没花什么时间。我到了，只是没按铃，怕打扰到你，万一你有客人呢。"

"你'怕打扰'哇。"他学着我的口气，担心地摇了摇头，接着又自言自语般补了一句，"所以，事情必须按你的想法进展才行……"

我顿时语塞。

这是他对我说的第二句话。说得也有些道理吧……该死！

这手法真的是太当下、太机敏了。而且小刀嗖嗖的，真是敢于下刀，一"刀"见血。

在"电光石火"之间，他点出了案主的小心翼翼——看着是为了照顾别人，其实是为了自己的安全，并充满了控制——而且这份自己的内摄和对外部世界的投射，还很容易惹得自己心情不好。如果对此没有觉察，就会常常责怪迁怒于他人（比如"你为什么不主动来开门，而让我等着"），而不是把责任放在自己身上，看不到自己既对自己缺乏信心，又对他人缺乏信心（比如"其实我可以主动敲门的，只要我不瞎担心冒犯咨询师的话，毕竟我对他几乎一无所知，凭什么无端担心他会认为我敲门是一种打扰呢"，或者"我为什么不相信他有经验会安排好一切，敲门才不会产生有害的打扰呢"）。

这种单刀直入的手法，非常具有古典完形的色彩。按照我一位最重要的加拿大完形老师塔克·费勒（Tucker Feller）的说法，这种干净利落、短兵相接的古典完形的手法快要绝迹了。就像有人说起中医，说只有顶尖高手才敢下"虎狼药"，一般的俗手只敢用温和的方子，安全倒是安全，但疗效和高手比也相去甚远。

此外，这种手法也可以是对案主的一种测试，看看他们的悟性和承受力，以此决定接下来的进程是徐是急、是快是慢。咨询师可以观察这个案主被"戳"了之后的反应，能懂得咨询师刚才那句是在说什么吗？有没有觉察力和反省力？如果有，接下来的咨询过程就可以更点到为止，充满效率了。

我在微博、微信上发和别人的问答互动，常常有人在底下评论说怎么那么容易就搞定了。其实里面有很多门道，所谓"内行看门道，外行看热闹""难者不会，会者不难"。

……不可否认，还有点儿脏。我们面对面地坐在扶手椅里。我刚开始说话，豪尔赫就啜起了巴拉圭茶。没错，他真的在治疗中喝起了巴拉圭茶。

他还给我倒了一杯。

"好吧。"我说。

"好什么？"

"喝点儿巴拉圭茶也好。"

"什么意思？"

"我接受了，我也喝点儿巴拉圭茶。"

豪尔赫淘气地冲我行了个礼，说："谢谢您，老爷。谢谢您接受我的巴拉圭茶。但与其赏我这个脸，您为何不直接说到底想不想喝？"

这人真是要把我逼疯了。

"想喝!"我说。

然后,矮胖子才给了我一杯巴拉圭茶。

随时随地地展开"此时此地"(here and now)的工作。"你是想要"还是"不得不要"?治疗在不知不觉中展开。案主在短短的一刻显露的特质之一就是缺乏自主性,讨好、被动、勉强,不能自信果敢地让自己自由自在舒展能量。而在咨询的一开始,咨询师就开始不断从每一个当下的点点滴滴带给案主觉察和行动。

那天,豪尔赫说我的确可能出了问题。但是,我在自责下得出的结论并没有事实依据,所以我的推论很危险。然后,他给我讲了一个故事。他的故事常常以第一人称叙述,但到底出自他的亲身经历,还是胡编乱造,就不得而知了——

我爷爷是个酒鬼。

他最爱喝土耳其茴芹酒。

虽然往酒里加水稀释,他还是会醉。

然后,他喝兑了水的威士忌,仍旧醉了。

接着,他喝兑了水的红酒,再次醉倒。

最后,他决定做点儿什么,解决这事。

于是，他不再……加水！

等一下。最后这个故事到底在说什么？这语言好像儿童绘本——"我认识每个字，可我确信自己知道它在告诉我什么吗？"

是啊，儿童绘本是很有意思的一种文本，它要简单到让孩子都能明白，但又常常好像没那么简单明确直白，似乎有许多留白之处让孩子有点似懂非懂，还需要慢慢琢磨。甚至有时好像留有余味，又像是种下一颗种子，也许在孩子长大的某个时刻或经历到某个事件时突然令他恍然大悟，"原来如此呀"。

我的完形老师塔克也是这一卦的。看到书中说到"到底出自他的亲身经历，还是胡编乱造，就不得而知了"，不禁莞尔。他也超爱讲故事，技巧高超，源源不断，讲得非常生动到位，引人入胜，也常常说是自己的经历。但至于真假，我是一直存疑的。哈哈。

对不起，我实在很喜欢这第一个故事，在这里絮絮叨叨了这么多。

这就是故事、寓言、幽默、笑话、趣事、比喻、隐喻的作用。

许许多多的高手咨询师都谙熟此道。

我的完形老师是这样的，我自己也是。只是塔克记性好，是个故事高手，我记性不够好，更喜欢用比喻、隐喻说事。

不过，加拿大人塔克和我的一位完形搭档美籍华人乔瑟夫都曾经和我抱怨：为什么工作坊里的中国学员都不太能听懂他们用的故事和隐喻呢？总是一再请他们解释那个故事到底是什么意思，而不是听完自己琢磨，或会心一笑。

连找我写序的编辑都有担心，觉得本书里的故事会不会被读者看得太简单了，让我给读者好好说说这些故事在心理治疗中的价值。

可是——

我还真是不容易讲清楚这些故事和隐喻的价值。

首先，那些故事要起作用，是在某个特定的背景下对应于某个人的某种特别的状态。并不见得每个故事在任何时刻对每个人都有价值。

其次，故事和隐喻起作用的一个机理就是"隐"。太直白了的叫"说教"，而说教常常让人讨厌和防御，根本进不了心。而隐喻才能"偷偷摸摸"入心，让人受启发，甚至顿悟。

再次，如果要别人解释，就代表了本人的一种偷懒或不为自己负责的生活态度。这种态度之下，外部给的东西其实是很难扎根牢固的。而通过自己反复咀嚼得到、榨取、消化、吸收的"精华"，才是更容易真正属于自己的。

所以，在这篇序里，我就不把后面的某一篇故事拿出来讲解意义了。我能说的是，仅仅看完这第一篇，我就可以负责任地说，豪尔赫是一个心理治疗的高手，一个完形心理治疗的高手，一个古典完形心理治疗的高手。

相信我。

完形治疗是一种很特别的心理治疗流派。它不只是用来治疗的，它的那些治疗原则和方法对普通人的生活都会有启示，可以在生活中直接拿来应用。

这本书就是个很好的文本。如果你们真的看不懂，不明白这本书的妙处，书里有 50 个咨询过程和对应的 50 个小故事，那我也搞个 50 节的音频课和大家聊聊这本书吧。

这点子真心不错。

叶斌

心理学博士，注册心理师 / 督导师
中国心理卫生协会心理治疗与心理咨询专业委员会完形学组
（筹）副组长

扫码收听音频课
叶斌老师导读《心理医生的故事盒子》
从专业视角读懂故事，学会更好地生活

目 录

初次会面

第一次去豪尔赫的诊疗室，我就知道他不是个传统的心理治疗师。克劳迪娅管豪尔赫叫"矮胖子"。之前向我推荐他时，她就提醒过我："这矮胖子可是个特别的家伙。"

当时，我已经受够了传统疗法，在心理治疗师的沙发上坐了几个月，也早就坐烦了。于是，我打电话做了这次预约。

第一印象就超出所有预期。十一月温暖的一天（别忘了，阿根廷在南半球），我比约定时间早到五分钟，于是站在大楼前等了一会儿。

四点半，我准时按响门铃。听到有人开了锁，我推开门，径直上了九楼。

我站在走廊上等。

等啊。

等啊。

等！

等不下去了！我按响了公寓门铃。

开门的是个男人。乍看之下，他一身好似要去野餐的打扮：牛仔裤、网球鞋、亮橙色 T 恤。

"你好。"他说。必须承认，他的微笑立刻让我放松下来。

"你好，"我应道，"我是德米安。"

"嗯，我知道。怎么啦？这么久才上来，迷路啦？"

"不，其实没花什么时间。我到了，只是没按铃，怕打扰到你，万一你有客人呢。"

"你'怕打扰'哇。"他学着我的口气，担心地摇了摇头，接着又自言自语般补了一句，"所以，事情必须按你的想法进展才行……"

我顿时语塞。

这是他对我说的第二句话。说得也有些道理吧……该死！

豪尔赫接待来访者的这个地方，我实在没法称之为"诊疗室"。这儿跟他很像：随性、凌乱、无序、温暖、色彩鲜艳、出人意料……不可否认，还有点儿脏。我们面对面地坐在扶手椅里。我刚开始说话，豪尔赫就啜起了巴拉圭茶。没错，他真的在治疗中喝起了巴拉圭茶。

他还给我倒了一杯。

"好吧。"我说。

"好什么？"

"喝点儿巴拉圭茶也好。"

"什么意思？"

"我接受了，我也喝点儿巴拉圭茶。"

豪尔赫淘气地冲我行了个礼，说："谢谢您，老爷。谢谢您接受我的巴拉圭茶。但与其赏我这个脸，您为何不直接说到底想不想喝？"

这人真是要把我逼疯了。

"想喝！"我说。

然后，矮胖子才给了我一杯巴拉圭茶。

我决定再待一会儿。

我跟他说了很多事，还说自己肯定有什么地方不对劲了，因为我的人际交往出了问题。

豪尔赫问我，凭什么断定问题就出在自己身上？

我说：跟父母、兄弟、伴侣等很多人的交往都出了问题，错显然在我。

于是，豪尔赫给我讲了"一个故事"。

后来，我慢慢发现这个矮胖子喜欢寓言故事、逸闻趣事、格言警句和精心编排的隐喻。对他来说，要真正了解一件无法亲身经历的事，唯一的途径就是在内心绘制一幅有象征性的图景，从而清晰地把握其要素。

"寓言、逸闻或趣事，"豪尔赫道，"比任何理论解释、心理分析或正经的治疗方法好记一百倍。"

那天，豪尔赫说我的确可能出了问题。但是，我在自责下得出的结论并没有事实依据，所以我的推论很危险。然后，他给我讲了一个故事。他的故事常常以第一人称叙述，但到底出自他的亲身经历，还是胡编乱造，就不得而知了——

　　我爷爷是个酒鬼。

　　他最爱喝土耳其茴芹酒。

　　虽然往酒里加水稀释，他还是会醉。

　　然后，他喝兑了水的威士忌，仍旧醉了。

　　接着，他喝兑了水的红酒，再次醉倒。

　　最后，他决定做点儿什么，解决这事。

　　于是，他不再……加水！

被锁住的大象

"不行，"我对他说，"我不行。"

"你确定？"他问。

"嗯。我很想坐在她面前，告诉她我的真实想法。真的，但我就是做不到。"

矮胖子的诊疗室里有好几张难看的蓝色扶手椅。他就像佛陀般盘腿坐在其中的一张上，微笑着凝视我的眼睛，压低声音道："我给你讲个故事吧……"每次希望谁认真聆听，他都会这样压低声音。

没等我点头，他便开口了。

小时候，我非常喜欢马戏团，最喜欢里面的动物，对大象尤其着迷。后来，我发现其他孩子也最喜欢大象。演出中，那庞大的野兽炫耀着硕大无比的体形、重量和力气。但完成表演后，直到返回舞台前，它始终有条腿被铁链拴住，与插在地上的一根小柱子连在一起。

那不过是根敲入泥地几英寸的小木桩。虽然链子又粗又长，但一头如此强壮的动物显然连一棵树都能连根拔起，所以当然能轻易挣脱那根木桩的束缚。

对我来说，这真是个谜。

它为何不挣脱束缚？为何不逃跑？

五六岁时，我依然相信长辈们的智慧，于是向老师、父母和叔叔提出疑问，请他们解答大象的秘密。其中一人告诉我：大象之所以不逃跑，是因为它被驯服了。

我追问道："既然受过训练，那为何还要用铁链拴着它们？"

当时，我并没有得到明确的答案。渐渐地，我就彻底忘了大象和木桩的事，只有遇到有同样疑问的人，我才会再想起。

幸运的是，几天前，我发现有个聪明人已经找到答案：

马戏团里的大象之所以不逃跑，是因为它从小就被锁在这样一根木桩上。

我闭上眼睛，想象一头被拴在木桩上的小象。那时，小家伙肯定又拉又拽，满头大汗地想挣脱束缚，但无论怎么努力都无济于事。因为，对当时的它来说，木桩实在太结实。

它最终精疲力尽地睡着了。第二天，它再次尝试逃脱。第三天、第四天，日复一日……最终，小象迎来生命中可怕的一天：它接受了自己的无能为力，向命运低头了。

我们在马戏团看到的那头庞大有力的大象之所以不逃跑，是因为那个可怜的家伙认为自己逃不掉。

小时候的无力感，仍深深地印在它的脑海中。

最糟糕的是，它从未真正质疑过那段记忆。

此后，它再也没有尝试过挣脱木桩的束缚……

"德米安，事情就是这样。生活中很多时刻，我们都有点儿像那头马戏团的大象，被拴在成百上千根限制我们自由的木桩上。

"我们一直认为自己对很多事无能为力，仅仅是因为很久以前，还是孩子时，我们尝试过，却失败了。

"从那以后，我们就像那头大象一样，将失败的记忆刻入脑海：'我不行，我知道我不行，永远都不行。'

"我们将这样的信息强加于身，背负着它们长大。我们不再试图挣脱木桩，原因便在于此。

"有时，当我们感受到障碍，听到铁链响动，便会转身看着木桩，心想：

我不行，永远都不行。"

豪尔赫沉默良久，然后起身坐到我面前的地板上，继续道：

"德米安，这便是发生在你身上的事。你的生活一直受到幼时记忆的束缚，哪怕那个无能为力的你早已不存在。

"想要知道自己行不行，唯一的办法就是再尝试一次，倾尽全力地尝试一次。倾尽全力！"

乳房或乳汁

豪尔赫并非每次治疗都讲故事，但不知为何，在这一年半的治疗期内，他讲过的所有故事我几乎都记得。或许他说得没错——故事的确是学习的最佳途径。

记得有一天，我说感觉自己依赖性很强，还说我真的离不开他的治疗。对豪尔赫的爱和钦佩，让我始终无法忘掉他说过的话，于是越来越依赖治疗。

> 你渴望知识，
>
> 渴望成长，
>
> 渴望发现，
>
> 渴望自由……
>
> 现在，你或许已经知道，
>
> 我就是
>
> 能提供乳汁的乳房。
>
> 让我来解除你的干渴吧。

现在，你想要这乳房。

但是，别忘了：

止渴的不是乳房，

而是乳汁！

飞回的砖头

有天，我非常生气，心情差到极点，看什么都不顺眼。治疗中，我抱怨连连，说了很多毫无意义的话。我讨厌自己正在做的事，讨厌生活中的一切。但我最讨厌的还是我自己，我觉得无法忍受"做我自己"。

"我是个白痴，"这话我当真是说给自己听的，"一个彻头彻尾的蠢货。我讨厌自己。"

豪尔赫说："既然这样，那这间诊疗室里有一半的人讨厌你，而另一半呢，打算给你讲个故事。"

从前，一个人无论走到哪儿，手里都要拿块砖头。

他已经决定：只要有人惹他生气，他就用这块砖砸对方的头。这么做虽然野蛮，但似乎很有效，不是吗？

一天，有个很爱自夸的朋友用居高临下的口吻跟他说话。于是，他说到做到，操起砖头就朝那人砸了过去。

他砸没砸中我已经记不清了。但他发现一个问题：

每次砸完人，他都得去把砖头捡回来，真麻烦哪。于是，他决定把这套所谓的"砖头自卫系统"改良一下。他往砖头上绑了条三英尺[1]长的绳子，又出门了。这样，砖头永远不会落得太远。

然而，他很快发现：这个新办法也有缺陷。首先，被攻击的人离他不能超过三英尺；其次，掷出砖头后，他得收回绳子。绳子常常缠成一团，也很麻烦。

于是，这人开发出"第三代砖袭系统"。主攻手当然还是砖头，但这次，他把绳子换成了一根粗橡皮筋。他想：现在，不管掷出去多少次，砖头都能自己弹回来。

于是，他再次出门，碰到一个惹怒自己的人。他掷出砖头，但瞄得不够准，打空了。橡皮筋的确发挥了作用，但飞回来的砖头砸在了他自己的头上。

他又试了一次，却因为估错距离，再次砸了自己的头。

第三次，他算错了时间，同样砸了自己的头。

第四次总算不一样了。既然决定用砖头砸中对方的头，那就务必要同时提防对方的攻击。砖头再次飞回，却又砸到他自己的头。

顺便说一句，他头上的包可不小。

人们不知道，他无法砸中别人的头，到底是因为自

1　英尺：英制长度单位。1英尺 = 0.3048 米。（本书中的注释均为译者注）

己挨了太多砖头，还是因为遭受了某种精神打击。

但可以确定的是，每次被砸到头的，都是他自己。

这种特别的防御机制被称为"反转"：大致说来，就是我们通过攻击自己而保护了对方。每次发动攻击，我们的敌意和攻击性能量都会在击中对方前，先被某种屏障挡下。而设下这道屏障的，正是我们自己。而且，该屏障不会吸收攻击，只会直接将其反弹。因此，用于"攻击"的所有怒气和消极情绪，都会通过自毁行为（自我伤害、暴饮暴食、药物成瘾、无意义的冒险行为）或某些潜藏的情绪反应（抑郁、内疚、躯体化等），反作用到自己身上。

或许，有些空想主义者很"开明"，头脑清楚、心无忧惧，永远不会动怒。能做到永不动怒当然很好，但事实上，一旦感到愤怒或恼火，摆脱这种情绪的唯一途径，就是通过行动将其释放出去。否则，我们迟早会开始生自己的气。

戒指的真实价值

我们曾聊过一个话题：每个人都需要他人的认可和尊重。豪尔赫还给我解释了一遍"马斯洛需要层次论"。

我们需要通过他人的尊敬和重视来建立自尊。当时，我因为没能完全被父母接受，不是朋友中最受欢迎的人，也无法在工作上得到认可，感到非常沮丧。

"有个老故事，"矮胖子边说边把茶叶递给我，让我自己泡茶，"讲的是一个年轻人向一位睿智老者求助的事。你的问题让我想起了这个故事。"

"大师，我觉得自己太没用，什么事都不想干，所以前来求助。大家都说我没用，什么事都做不好，又蠢又笨。我如何才能变得更好？我要做什么，人们才会更重视我？"

老者头也没抬地说："抱歉，孩子，我帮不了你。我得先解决自己的问题。或许之后……"他顿了顿，又道，"你要是愿意帮我一把，我就能处理得快些。然后，或许便能帮助你了。"

"我……我很乐意帮您，大师。"年轻人说。因为对方没有先满足他的需求，他觉得自己又被看轻了。

"那好。"老者说着，褪下左手小指上的一枚戒指，递到他手里，"骑外面那匹马去集市。我得卖掉这枚戒指，来还一笔债。你必须尽量卖个最高价，低于一个金币的出价都别接受。去吧，带一个金币回来，越快越好。"

年轻人拿起戒指出发了。一到集市，他立刻开始向各色商人推销戒指。买家一开始都很有兴趣看货，年轻人开价后，情况就不一样了。

听到他要价一个金币，有的人哈哈大笑，有的转身便走，只有一个好心的老者不嫌麻烦地解释道："那样一枚戒指，卖一个金币实在太贵。"有人乐意帮忙，开价一个银币，外加一个铜缸。但年轻人已经得到"不能低于一个金币"的指示，所以拒绝了。

他向集市上的一百多人挨个儿推销戒指，结果还是没卖出去。于是，他只得沮丧地爬上马，原路返回。

年轻人多希望自己能带回一个金币，解决老者的问题呀！那样，他就能听取老者的建议，得到他的帮助了！

他走进屋。

"大师，"他说，"对不起，按您开的价，那枚戒指根本不可能卖出去。我本来能得到两三个银币，但我想，我还是无法哄骗他人出超过戒指本身价值的价。"

"年轻人，你刚才说的很重要，"老者微笑道，"我们必须先弄清这枚戒指的真实价值。骑上马，去找个珠宝商吧。还有谁能比他更清楚？告诉他你打算卖掉这枚戒指，问问他能开什么价。但无论他说什么，都别卖给他。把戒指带回来。"

于是，年轻人又出发了。

珠宝商拿着放大镜，在烛光下端详了一番戒指，然后称了称，对年轻人说："孩子，告诉大师，如果他想现在卖，我可以给五十八个金币。"

"五十八个金币！"年轻人惊叹道。

"嗯，"珠宝商说，"如果再等等，估计能卖到将近七十个金币，但如果他着急出手……"

年轻人激动地回到老者的家，告诉他发生的一切。

"坐。"老者听完后，对他说，"你就像那枚戒指，是颗独一无二、珍贵无比的宝石。但前提是，只有真正的专家才能评定你的价值。所以，你干吗还东奔西跑，认为没人能认清你的真正价值？"

说完，老者把戒指戴回到左手小指上。

狂躁的国王

那天，我一开口就发现自己很急躁，一分钟便说了一大堆话。我情绪高涨，把这周做过的所有事都一股脑儿地告诉了豪尔赫。

跟其他时候一样，我感觉自己简直战无不胜——我欣欣鼓舞，热爱生活，忙不迭地述说着自己对未来的计划，整个人都充满了能量。

矮胖子快活地笑了，一副了然的表情。

我觉得无论我此刻是什么情绪，他都一如既往地跟我产生了共鸣。于是，与豪尔赫分享快乐，成了又一个让我快乐的理由。一切都越来越好，我简直有说不完的话。要把我想做的事做完，或许两辈子都不够。

"我能给你讲个故事吗？"他问。

不可否认，我费了好大劲，才终于闭上嘴。

从前，有个非常厉害的国王，统治着一个很大的王国。

他是个好国王，却遇到了一个问题——他有双重人格。

有时，他欢欣鼓舞、情绪高涨、非常开心。那些日子似乎从一大清早起就美妙绝伦。王宫花园看起来更漂亮，仆人们也莫名显得待人更亲切、做事更高效。

早餐时，他确信自己的王国能磨出最好的面粉，产出最棒的水果。

这种时候，国王就会降低赋税、分享财富、广施恩惠、为和平及老年人的安康立法。这种时候，朋友和臣民们提出的所有要求，他都欣然应允。

然而，还有一些日子，情况大不一样。

那些是阴郁的日子。一大早，国王就想赖床。然而，他怎么也睡不着。

无论如何努力思考，他都不明白仆人们为何心情如此低落，服侍得一点儿都不好。晴天感觉比雨天更烦人。饭不够热，咖啡也冷了。一想到还要在寝宫接待来宾，他就头疼不已。

这些日子里，国王想起了之前许下的一些承诺。该怎么实现它们呢？真是太让人头疼了！于是，国王下令增加税收、没收土地、监禁反对者……

对现在和未来的恐惧，加上过去那些错误的困扰，使得他在这些日子里总是颁布与臣民作对的法令，嘴上最常说的词也变成了"不"。

发现情绪大起大落给自己带来的这些问题后，国王便召集国内所有智者、术士和顾问开会。

"先生们,"他说,"你们都知道我有情绪骤变的问题。所有人都尝到了我开心时的甜头,也在我的怒火下吃过苦头。但此事最大的受害者是我自己。就因为换了个角度看问题,我每天都在推翻自己之前做过的某件事。

"先生们,我需要大家齐心协力,帮我找到治愈之法。有时,我乐观得可笑,不知不觉间就开始冒险;有时,我又悲观得不可思议,折磨、伤害那些我爱的人。来句咒语或一剂药水吧,什么都行,只要能治好我这些毛病就行。"

智者们接受了挑战,一起努力了好几个星期,想解决国王的问题。然而,没有炼丹术、魔咒或仙草能解这份燃眉之急。

然后,顾问们来到国王面前,承认自己无能为力。

那天晚上,国王痛哭流涕。

第二天早晨,一个陌生人请求觐见。这个神秘人皮肤黝黑,穿了件破破烂烂的束腰外衣。看得出,这衣服曾经是白色的。

"陛下,"那人鞠了一躬,道,"我在家乡听人说起您的痛苦和悲伤,特来呈上解决之法。"

他垂着头,把一个小皮箱拎到国王面前。

国王惊讶又憧憬地打开箱子,朝里看去。箱子里只有一枚银戒指。

"谢谢，"国王热情地说，"这是一枚魔法戒指吗？"

"是的。"旅行者答道，"但只有戴在您的手指上，它才能释放魔力。每天早晨一起床，您就得读读戒指上的铭文，并把每次读到的话都记下来。"

于是，国王接过戒指，大声读道：

"记住——所有当下，都将成为过去。"

奶油里的青蛙

考试季到了。我已经考完一次期中考试和两次期末考试，一周内还有一场考试，我还得学习很多内容。

"肯定考不过，"我对豪尔赫说，"在一件注定失败的事上继续努力，毫无意义。把已经掌握的东西表现出来，或许才是我的最佳选择。这样，就算不及格，我至少没把一周的时间都浪费在学习上。"

"你听过两只青蛙的故事吗？"矮胖子问。

从前，两只青蛙掉进了一个装满奶油的缸子。

它们发现自己迅速下沉。因为奶油黏稠得好似流沙，让它们完全没法游动或漂浮太久。起初，两只青蛙在奶油中拼命蹬腿，想游到缸边。然而，一切都徒劳无功，它们只是在原地搅起奶油，并越陷越深而已。多过一秒，浮在表面、保持呼吸的难度就更大一分。

其中一只青蛙大声说道："我不行了！没办法出去！

不可能游过这片淤泥。既然迟早都要死，那延长自己的痛苦有何意义？这么愚蠢地挣扎，精疲力尽地死去，根本没意义。"

于是，它不再蹬腿，很快便沉了下去，被浓稠的白色液体吞没了。

另一只更执着，或者只是更固执的青蛙说："确实无路可走！我根本冲不出去。但哪怕死神就在面前，我也要拼尽最后一口气。早死一秒，我都不愿意。"

于是，它继续拼命蹬腿，但仍然只是在原地搅起奶油，努力了数小时，也没往前挪动半步。

经过无数次奋力踢腿，奶油突然凝结成了黄油[1]。

震惊的青蛙只轻轻一跳，脚下一滑，便溜到了缸边。然后，它就开心地呱呱叫着，回家啦。

1　若一直高速搅打奶油，会得到保质期很短的黄油。

自以为死了的人

两只青蛙的故事引我深思。

"就像阿尔马富埃尔特[1]写的那首诗：'哪怕真被打败，也接受失败。'"我对豪尔赫说。

"或许吧，"矮胖子应道，"但放在这件事上，我想这句话更应该改成'别在被打败前，就接受失败'。或者，你也可以说'别在游戏开始前，就觉得自己输了'。因为……"

然后，他又给我讲了个故事。

从前，有个男人一生病就异常焦虑。他最怕的事，就是自己终究会死。

一天，他众多疯狂的念头又多了一个：他突然觉得自己可能真的已经死了。于是，他对妻子说："你说，我

---

1 阿尔马富埃尔特：即 P.B. 帕拉西奥斯（1854-1917），阿根廷诗人，笔名阿尔马富埃尔特。主要作品有诗集《不朽的女人》《传教士》《颤音》《歌曲中的歌曲》。

有没有可能已经死了？"

女人哈哈大笑，让他摸摸自己的手和脚。

"感觉到了吗？它们都是暖的！这说明你还活着。你如果死了，手脚都会冷得像冰。"

男人觉得这似乎是个非常有道理的解释，于是冷静下来。

几周后，一个下雪天，男人冒雪去森林砍柴。到达目的地后，他脱掉手套，挥舞斧头，开始砍树。

无意间，他抬手抹了把额头，感觉到自己的手很凉。想起妻子说的话，他脱掉鞋袜，惊恐地发现双脚也一片冰凉。

"一个死人还在外面砍柴可不好。"他自言自语道。于是，他把斧头扔在骡子身旁，静静地躺在冰冷的地上，双手交叉放在胸前，闭上了眼睛。

躺下后不久，一群野狗朝装着口粮的鞍囊而来。见无人阻拦，它们撕开鞍囊，把里头能吃的东西一扫而空。男人想："对它们来说，我死了反倒是件好事。否则，它们永远别想得逞。我肯定会狠狠地揍它们一顿。"

野狗继续嗅来嗅去，终于发现男人那匹拴在树上的骡子。对野狗锋利的牙齿来说，骡子可是极易捕食的猎物。骡子又顶又撞、放声嘶鸣，男人却只是想：我若还活着，倒是乐意保护它。

野狗们很快吃掉了骡子。最后，只有几条狗还留在原地啃骨头。

贪得无厌的狗群又开始绕着那片地转悠。

不久，一条狗闻到人的气味。它四下一打量，瞧见一动不动、躺在地上的樵夫。它慢慢地、非常缓慢地走了上去。因为对狗来说，人类是危险又狡诈的动物。

不一会儿，所有狗都围到了男人身边，口水滴答地盯着他。

"现在，它们要吃我了，"男人想，"我若没死，这可就是另外一回事了。"

狗群越逼越近、越逼越近，然后……

……见那人依旧一动不动，它们就把他活活生吃了。

妓院门房

大学期间，和其他很多学生一样，我也突然开始质疑：该不该继续学业呢？于是，我把这件事详细地告诉了治疗师，最后发现：给我施压、迫使我不能退学的人，正是我自己。

"那可麻烦了，"矮胖子说，"既然确定'必须'拿到学位，那你'就不得不'待在大学。被迫留下，当然毫无乐趣可言，但若真的享受不到任何趣味，你个性中的某些部分就会开始捣乱。"

豪尔赫不厌其烦地说他不相信"硬着头皮努力"。他总说这样不会带来什么好结果。即便如此，我也觉得他错了。或者，我至少能成为那个例外，以此证明我是对的。

"但豪尔赫，我不能就这样退学，"我说，"当今社会，没有学位我将一事无成。从某种程度上来说，学位是一种保障。"

"或许吧。"矮胖子道，"你知道《塔木德》[1] 吗？"

1　《塔木德》：关于犹太人生活、宗教、道德的口传律法集，为犹太教仅次于《圣经》的主要经典。

"嗯。"

"里面有个关于普通人的故事。那人曾在一间妓院当门房。"

在那座城市里,妓院门房是最被人看不起、薪水也最低的工作。但除此之外,他还能干什么呢?

他从未学过读书写字,也没有别的才能或天赋。其实,他之所以能当上妓院门房,是因为他爸爸和他爷爷也是妓院门房。

数百年来,妓院代代相传,门房这份工作也如此。

一天,老东家死了,一个年轻的暴发户接管妓院。他是个勇于创新的企业家,决定让自己的新事业现代化起来。

于是,他重新装修了各个房间,召集全体员工,向他们下达新指示。

他对门房说:"从今天开始,除了守门,你还要递交周报。周报里,你要记下每天有多少顾客光临本店。每五个中,你就得找一个来问问他是否满意本店的服务,有没有觉得哪儿需要改进。每周提交一次报告,并附上任何你认为合适的意见。"

那人瑟瑟发抖,虽然从不逃避工作,但这次……

"老板,我很乐意遵从您的吩咐,"他口齿不清地说,"但……我不识字。"

"啊，我很抱歉。但你也知道，我不可能再花钱雇个人来做这事，也等不及你现学，所以……"

"老板，您不能开除我。我跟我爸、我爷爷一样，一辈子都在干这活儿啊……"

老板打断了他。

"嗯，我理解，但我也无能为力。当然，我们会给你一笔离职补偿金。那笔钱足够支撑你找到下一份工作。我很抱歉，但就这样吧。祝你好运。"

说完，他便转身离开了。

男人觉得整个世界都摇摇欲坠。他从未想到自己竟会落到这般田地。有生以来第一次，他彻底无事可干。接下来怎么办？

他想起还在妓院时，如果哪张床破了或哪个梳妆台断了腿，他都能用一把锤子和几根钉子做些简单的临时修理。于是，他突然觉得：自己或许能暂时当个勤杂工，一直干到有人给他一份正式工作为止。

他在家里到处翻找需要的工具，却只找到几根生锈的钉子和一把快烂掉的钳子。得买一个工具箱！这意味着他得花掉一部分离职补偿金。

走到屋角，他想起镇上根本没有五金店，得骑两天骡子，去最近的其他村镇买。"噢，好吧，那有什么关系？"这么想着，他便出发了。

终于，他带着一个装得满满的漂亮工具箱回来了。但他连靴子都没来得及脱掉，就听见有人敲门。是个邻居。

"请问，我能找你借把锤子吗？"

"噢，我刚买了一把，但我需要拿它干活，因为我刚丢了工作……"

"明天一早就还你。"

"那好吧。"

第二天一早，按照约定，邻居又敲响了他的门。

"我还需要那把锤子。不如，你把它卖给我吧？"

"不行，我还需要拿它干活呢。而且，要骑两天骡子，才能到五金店。"

"我们做笔交易吧，"邻居说，"你花两天去那儿，又花了两天回来。我付你四天的跑路费，外加这把锤子的钱，怎么样？毕竟，你现在不是失业了嘛。"

算起来，这笔钱相当于他四天的收入……

他接受了。

接着，又有一个邻居登门。

"你好。你是卖了把锤子给我们的朋友吗？"

"是呀。"

"我需要一些工具。我愿意付你四天跑路费，我需要的每件工具，你也都可以再赚点儿。要知道，不是每个人都能花四天时间去买东西。"

他打开工具箱，邻居挑了一对钳子、一把螺丝刀、一把锤子和一把凿子，付钱离开了。

"不是每个人都能花四天时间去买东西。"他回想起这句话。

若果真如此，那很多人或许都需要他帮忙跑腿买工具。

他又踏上了旅途。他决定，除了自己准备卖掉的几件工具之外，再冒险拿一部分离职补偿金多买几件。如此一来，他就能少跑几趟。

消息传开，附近的很多邻居都决定：需要买东西时，不再自己跑路。

现在，这位曾经的妓院门房已经是一名五金销售员了。他每周跑一次腿，买回顾客需要的每样东西。很快，他意识到若能找个地方存储工具，自己还能节约更多行程，也能赚到更多钱。于是，他租了一间仓库。

然后，他扩建了仓库的入口，几周后又加装了店面橱窗。于是，这间仓库变成了镇上第一家五金店。

人人都乐于见到这样的布置。大家都开始找他买工具。此时，他已不需要亲自跑腿进货，因为附近的五金店开始按订单给他送货了。毕竟，他可是个优质的客户。

周围还有几个更偏远的村镇。渐渐地，那儿的人也纷纷到他的五金店买东西，以省下两天的路程。

一天，他突然想起自己有个当车工的朋友。可以让他为自己制造锤子呀。为什么不呢？钳子、扳手和凿子也能找人做呀，还有螺丝和钉子。

好啦，长话短说。总之，不到十年，这人便因为诚实经营和勤奋努力，变成一个身家百万的工具制造商和当地最有实力的企业家。

一天，想到新学年要开始了，财大气粗的他决定为镇上捐建一所学校。除了识字，这所学校还将教授当代最新的手艺和技术。

市长和州长举办了盛大的落成典礼，还筹办了一场宴会，答谢捐建者。

吃甜点时，市长将象征荣誉的城市之匙交到他手中，州长则给了他一个拥抱，说："我们带着无比的骄傲和感激，请求您在新学校校史记录簿的第一页签上您的名字。"

"我很荣幸，"男人说，"但除了签字，其他我都乐意效劳。我不识字，我是文盲。"

"啊？"州长难以置信，"您不识字？您建立了一个工业王国，却不识字？我太惊讶了。真不敢想象，如果识字，您能干出什么丰功伟业。"

"这点我立马便能告诉你，"男人平静地答道，"如果识字，我就是妓院的门房。"

小两码的鞋

　　一天下午，我专门带了个话题上门，我想再聊聊努力奋斗的事。

　　刚开始聊时，豪尔赫的想法似乎很有道理。但说到付诸实践，我便发现：这些听起来很可取的道理，根本没法贯彻。

　　"我非常确定：我没办法不去努力做些什么，至少有时候没办法。说真的，其他人……任何人都做不到。"

　　"某种程度上你是对的。"矮胖子道，"过去二十年里，我大部分时间都在努力忠于自己的思想体系，但并非总是能成功。估计人人都跟我差不多。'不努力'是一种挑战、一种实践，也是一种纪律。而且，需要经历一定的训练才能做到。"

　　"起初，我也觉得这事不可能，"他继续道，"我要是不去参加那场会议，人们会怎么看我？我要是不认真听他们讲那些对我而言毫无意义的话，会怎样？对于我眼中的可鄙之人，要是我不佯装感激，又会如何？如果仅仅因为不愿意，我就轻易地拒绝了他人的请求，会怎么样？如果我就是一周只工作四天，而不是一直努力赚更多钱，会怎么样？如果我就是拒绝戒烟，非要抽到不想抽的那天呢？如果……

"我曾写下这样的话：'凡事都须努力'是基于某种意识形态的社会建构。这种意识形态体系对于人的社会形象有着相当严苛的要求。毕竟，一个懒惰、邪恶、自私，又不负责任的人，无疑应该努力'改进'。然而，事实果真如此吗？'改进'真是人之本性吗？"

我听得入了神。但不是痴迷于豪尔赫说的话，而是陶醉于自己的想象：如果能一直轻松自在地生活，会是怎么样？那样的生活不用经历内心挣扎，懒懒散散、悠悠闲闲，也不用不断扪心自问："我到底在做什么？"

然而，该从何做起，才能过上这样的生活呢？

豪尔赫仿佛猜透我的心思般，继续道："首先，在做其他任何事之前，你得想办法摆脱陷阱。从很小的时候起，我们便为自己设下了一个陷阱。这是一个在我们脑中根深蒂固的观念，已经或隐或显地成为我们文化的一部分，那就是：唯有通过努力获得的东西，才是有价值的。

"这话其实纯属扯淡。任何人都能凭自身经验判断出这是胡扯，可我们还是将其当作不可置疑的真理，用以规划自己的生活。几年前，我描述了一种临床综合征，虽然从未被任何医学或心理学论文记录过，但所有人都正在或曾经受困于此。我决定称它为'鞋子小两码综合征'。现在，我就跟你好好讲讲……"

一个男人走进一家鞋店，一名热情的售货员迎上前来。

"先生，有什么可以帮您的吗？"

"我想买双黑鞋，就是摆在橱窗里的那种。"

"没问题，先生。让我瞧瞧，您一定穿41码，对吧？"

"不，我想买双39码的，谢谢。"

"抱歉，先生。我干这行已经二十年，非常肯定您得穿41码。或许40码也行，但绝不是39码。"

"请给我一双39码的，谢谢。"

"不好意思，我可以为您量一下脚长吗？"

"想量就量吧，但我要双39码的鞋。"

售货员从抽屉里拿出一个量脚长的奇怪工具，为他量了量，然后满意地宣布："瞧见了吗？我说的没错，就是41码！"

"告诉我，买鞋的钱谁来付，你，还是我？"

"是您。"

"那就对了。所以，能给我一双39码的鞋吗？"

震惊的售货员只能放弃，转身走开去找39码的鞋。这时，他突然明白，那人肯定不是给自己买鞋，而是买来当礼物送给别人的。

"先生，这是您要的鞋，39码，黑色。"

"能给我一个鞋拔子吗？"

"您要穿上这双鞋？"

"当然。"

"您是买来自己穿的？"

"是啊！能给我一个鞋拔子吗？"

这位顾客要想穿上鞋，还真需要鞋拔子不可。经过几次尝试，摆了好几种奇怪的姿势后，他终于将脚完全塞进了鞋子里。

他咕哝抱怨着在地毯上走了几步，觉得脚越来越疼。

"很好。我买了。"

一想到这位顾客的脚趾被硬塞进39码的鞋，售货员觉得自己的脚趾都开始疼了。

"需要帮您打包装起来吗？"

"不用了，谢谢。我穿着走。"

那位顾客离开商店，拼尽全力走了三个街区，回到自己工作的地方。他是一家银行的出纳员。

下午四点，穿上那双鞋站了六个多小时后，他已经面目扭曲、双眼通红、满头大汗。

隔壁窗口的同事观察了他一下午，很是担心。

"怎么啦？不舒服吗？"

"没有。是这双鞋的问题。"

"鞋怎么啦？"

"磨脚得很。"

"怎么回事？鞋子进水了？"

"没有。小了两号。"

"谁的鞋?"

"我的。"

"那我就不明白了。你不是说你脚疼吗?"

"是啊,疼得都快死了!"

"你把我说糊涂了。"

"听我解释,"他艰难地说道,"我活得没什么满足感。其实,我最近都很少有开心的时候。"

"然后呢?"

"这双鞋简直快要了我的命。太痛苦了,真的。但几个小时后,等我回家脱掉它们,你能想象我会是什么感觉吗?朋友,那该多快乐呀,快乐得没边儿了!"

"听起来很疯狂,不是吗,德米安?的确疯狂,相当疯狂。"

"从很大程度上来说,我们仰赖的教育模式便是如此。当然,我这也是一种极端态度。但就像试穿衣服一样,得试过才知道是否合适。就我个人而言,真正有价值的东西,都不是靠努力得来的。"

我离开了诊疗室,心里还回想着他最后那句粗鲁又直白的话:"力气……还是使在便秘的时候吧。"

七号木匠铺

"有些人不仅愚蠢，甚至还会拒绝别人的帮助。"我抱怨道。矮胖子找了个舒服的坐姿，打开了话匣子。

从前，城郊有座小棚屋，一座名副其实的小棚屋。屋子前厅是个小车间，放了几样工具和几台机器。里面有两间卧室和一间厨房，后边是个非常简陋的洗手间。

但住在这儿的华金从不抱怨。两年来，他这间名为"七号木匠铺"的店已经在镇上很有名气，他赚的钱也足够日常花销，无须动用自己那点儿微薄的积蓄。

一天早晨，他照常六点半起来看日出。然而，他却没能走到湖边。在离家大约两百码[1]的地方，他差点儿被一个受伤倒地的年轻人绊倒。那人的情况似乎很糟糕。

华金迅速跪倒，把耳朵贴到年轻人的胸口。他听到

1　码：英制长度单位。1 码 =3 英尺 =0.9144 米。

那满是血迹、灰尘和浓烈酒气的肮脏身体里，有颗心脏微弱地跳动着，拼命捕捉最后一线生机。

华金连忙找来一架手推车，把人推回了家。到家后，他把年轻人放到自己床上，剪开他破烂的衣服，用肥皂、水和酒精小心翼翼地为他清洁身体。

这小子不仅醉酒，还遭到了野蛮的殴打。他的双手和后背伤痕累累，右腿还骨折了。

接下来的两天，华金全心全意地照料这位不速之客，帮他处理伤口，给他的腿上夹板，还一小勺一小勺地喂他喝鸡汤。

终于，年轻人醒了。华金坐在他身边，温和又关切地看着他。

"感觉怎么样？"华金问。

"还好，"年轻人看了眼自己干干净净、已经得到救治的身体，说，"谁把我治好的？"

"我。"

"干吗救我？"

"因为你受伤了。"

"就因为这个？"

"不，还因为我需要一个助手。"

两人都开心得哈哈大笑。

吃得好、睡得好，外加没再继续喝酒，这个名叫曼纽尔的年轻人很快恢复了力气。

华金试着把自己的这门手艺教给曼纽尔，曼纽尔却拼命逃避干活。华金一次又一次向曼纽尔灌输努力工作的好处，说人应该有个好名声，也该踏踏实实地生活。然而，放荡不羁的生活早已侵蚀曼纽尔的头脑。一次又一次，曼纽尔似乎次次都明白了，但两小时或两天后，他不是在干活时睡着，就是忘了干华金指派的差事。

几个月后，曼纽尔完全康复了。华金不仅把自己的卧室让给他一半，还让他合伙参与部分业务，甚至允许他早上优先使用洗手间。交换条件是：年轻人答应好好干活。

一天晚上，华金睡着后，曼纽尔觉得已经戒了六个月的酒，这会儿去镇上喝一杯也无妨。想到华金可能半夜醒来，他从里面锁上卧室门，跳窗而出，并且蜡烛也没熄，好让人觉得他仍在屋里。

不过，一杯下肚，接着就是第二杯、第三杯、第四杯……

消防车警铃大作地驶过酒馆时，曼纽尔正跟其他醉鬼们唱歌。曼纽尔压根儿没觉得消防车与自己正在干的事有什么关系。直到第二天一早，他跟跟跄跄地走回家，看到街上聚集的人群时，才恍然大悟……

只有几件工具、几台机器和一两面墙在大火中幸存，其他的一切都毁了。至于华金，人们只找到几块烧焦的骨头。华金的遗骨被埋进墓地，曼纽尔在墓碑上刻下一行字：

"华金，我会做到，我一定做到！"

曼纽尔费了很大力气，重建了木匠铺。他虽然懒惰，手艺却不错。借助华金传授的技术，他终于又把生意重新做起来了。

他始终有一种感觉，似乎华金也在某个地方看着他、鼓励他。每完成一件大事（比如举行婚礼、第一个孩子出生、买下第一辆车……），曼纽尔都会想起华金。

三百英里[1]外，依旧生龙活虎的华金想：如果能拯救一个青年，那撒个谎、烧掉自己心爱的小屋，应该都是情有可原的吧。

他认为情有可原。而一想到当地警察竟分不清猪骨和人骨，他就忍不住放声大笑……

虽然华金新开的木匠铺比之前那个小一些，但也渐渐在镇上有了名气。新店叫作"八号木匠铺"。

"德米安，有时，生活会让我们很难帮助所爱之人。但要说有什么事情值得我们克服困难，那就是——帮助他人。这么做无

1　英里：英制长度单位。1 英里 =5280 英尺 =1.609 千米。

关'道德'或责任，只是在人生的某些十字路口，我们每个人自愿做出的选择而已。

"根据我个人的经验和观察，我相信：真正自由、具备自我意识的人，都慷慨、友善、乐于助人。无论接受，还是给予，都能感受到其中的快乐。因此，你若遇到自鸣得意之人，千万别心生鄙夷。因为，他们自己面临的问题已经够多了。每当你发现自己变得吝啬、刻薄或小气，就借此机会，好好问问自己发生了什么。我保证，你一定会发现是自己在某处走岔了路。

"我曾经写下这样的话：

> 神经症患者不需要医师的治疗，
>
> 也不需要父母的照料。
>
> 只需要一位智者告诉他，
>
> 他是在哪里走上了岔道……"

占有欲

虽然不知道为什么，但我似乎进入了一段艰难困苦的时期。

一切始于对女友的嫉妒。她宁愿跟学校里的其他女生玩，也要推迟跟我的约会。从那时候起，怅然若失的念头和感觉就开始在我脑中游走，痛苦也随之而来。

在以往的治疗中，我曾谈起过面对失去的重要性，但真正面临失去的时候，我还是相当沮丧。

"我不明白自己为何非要把她让给她的朋友们，也不明白为何非要把我的朋友让给他们的另一半。我这么说，只是想要亲耳听听自己是有多愚蠢。我想请你帮帮我。如你所说，如果某样东西真属于我，只要我还拥有它，我就有权决定是否把它分享给别人，以及到底分享多长时间。毕竟，它是我的。"我对矮胖子道。

豪尔赫放下茶壶，开口了。

> 一个人心不在焉地沿着大街往前走。突然，他一抬
> 头，看见一大块漂亮的金子。

阳光洒在金子上，折射出一道亮丽的彩虹，让整块金子看起来仿佛史蒂芬·斯皮尔伯格电影里的太空来物。

他仿佛着迷般，驻足凝望了好长时间。

"这东西有主吗？"他想。

他环顾四周，却发现附近根本没人。

终于，他上前摸了摸那块金子。暖暖的。

他摩挲着金子表面，觉得若要形容一下触感，这柔软度简直跟它的美丽和亮度完美契合。

"真想把它据为己有呀。"他想。

于是，他非常温柔地抱起它，朝城郊走去。

他心醉神驰地慢慢走进森林，朝一片林中空地而去。午后的阳光下，他小心翼翼地把金子放在草地上，然后坐下来，盯着它出神。

"这是我第一次拥有如此贵重的东西。它是我的，只是我一个人的！"那一刻，男人和金子都这么想。

"德米安，当我们执着于拥有某样东西，甚至成为它的奴隶后，到底是谁拥有谁呢？"

谁拥有谁？

歌唱比赛

我一直在思考上次治疗时豪尔赫说过的那些话。

走出诊疗室后，那些词语仍在我脑中回响：卑微、刻薄、自私、误入歧途……无数杂乱无章的念头涌现出来，我的脑子完全乱成了一锅粥。

再次赴约的时候，正如豪尔赫所说，我"来意明确"，打算继续聊聊这个话题。

"豪尔赫，"我说，"你总是为自私辩护，认为这是一种明确表达自尊、诚实展现自我关爱的方式。但你上次说到了'小气'，而我，也像你一样养成了愚蠢的习惯，会在词典中查找与自己产生共鸣的单词。于是我找到了'小气（mezquino）'这个词。"

"然后呢？"

"它的解释是'贪婪、无耻、吝啬、可鄙'。可我能说什么？在我听来，这一切似乎都毫无差别。"

"好吧，一起来瞧瞧。"矮胖子拿出皇家学院编纂的西班牙语词典。"这儿还有'贫困、粗劣、微小'。字典上还说'mezquino'源自阿拉伯语，从'miskin'（意为'贫穷'）演化而来。"

"现在，我们或许能给它一个更好的定义，"豪尔赫继续道，"既然是'小气'，那该词肯定指某人很匮乏，或者他认为自己在最亟需之物上，十分匮乏。这个人想得到某样东西，好让自己摆脱这种匮乏感；他也会因为想占有一切而拒绝付出。他就是个悲惨的可怜虫，眼里只有自己那些欲望，看不到别人的需要。"

豪尔赫沉默了好一会儿，在记忆中反复搜寻。我则舒舒服服地坐好，等着听他接下来还会说什么。

　　从前，一只曾被囚禁的猫头鹰回到森林后，向其他所有动物讲述人类的日常习惯。

　　它说，城市里的人会举办比赛，以选出绘画、素描、雕塑、唱歌等各领域最杰出的艺术家。

　　向人类学习的说法立刻得到动物们的一致赞同。于是，它们决定立刻举办一场歌唱比赛。在场的所有动物，从红额金翅雀到犀牛，无一例外都要参加。

　　那只在城市中学到不少东西的猫头鹰负责指导监督。动物们决定采用不记名投票的方式来决定比赛胜负，每位参赛者都可以投一票。于是，动物们也有了自己的评委团。

　　就这样，所有动物（甚至还包括一个人类）轮流上台演唱，然后得到观众们或热烈、或冷淡的掌声。然后，每只动物开始不记名投票，并在猫头鹰的监督下，将折好的选票投进一个大瓮里。

到统计票数的环节了。猫头鹰在两只老猴子的陪伴下登上临时舞台，打开大瓮，开始统计投票的结果。正如猫头鹰从城里政客们那儿听来的一样，这场投票是"透明公正""体现民主精神"的典范，也是"全民无记名投票的盛典"。

其中一只老猴子掏出第一张选票，猫头鹰当着兴奋的动物们大声宣布："兄弟们、姐妹们，第一票投给我们的朋友——驴子！"

好长时间，都是一片沉默。接着，响起几声稀稀拉拉的掌声。

"第二票：驴子！"

大家一片困惑。

"第三票：驴子！"

参赛选手们开始面面相觑。起初，大家都很惊讶，接着，它们眼中便流露出责备之色。动物们也越来越为自己投出的那张票感到尴尬和羞愧。

每个参赛者都明白，没有比那悲惨的驴叫更难听的声音了。然而，它们还是一个接一个地把最佳歌手票投给了驴子。

点完票后，"公正评委团"通过"自由投票"决定：叫声刺耳古怪的驴子摘得桂冠，并荣获"丛林最佳歌手"称号。

后来，猫头鹰做出一番解释：每个参赛者都相信自己能获胜，便把票投给了实力最差、对自己威胁性最小的那个。

投票结果几乎全体一致，但还是有两个例外：一是驴子，因为明白自己肯定要垫底，所以它诚实地把票投给了云雀；另一个是人类——他将票投给了自己。

"瞧，德米安，这便是人类所谓的'小气'。当我们太过自命不凡，再也想不到给别人，当我们自视甚高，目空一切，当我们自认卓尔不群，觉得无论想要什么，他人都根本没有竞争机会时，'虚荣''痛苦''愚蠢''短视'就会让我们变得'小气'。德米安，不是变得'自私'，而是'小气'。'小气'！"

哪种疗法?

很长一段时间里,几个朋友一直问我到底在接受什么疗法的治疗。我说了些治疗过程中跟矮胖子做过的事。朋友们都很吃惊,因为我经历的那些治疗,无法归入任何已知的治疗手段。何必否认这点呢?毕竟,我不也没见过那样的治疗方式?

于是,一天下午,抵达诊疗室后,鉴于我的个人生活已经基本恢复秩序(就像矮胖子过去常说的那样:一切都"各归各位"),我便向豪尔赫提出了这个问题。

"这是什么疗法?我怎么知道?你真觉得,这算得上治疗?"他反问道。

"该死,"我想,"矮胖子又开始故作高深了。往常遇到这种时刻,都别想从他口中得到任何答案。"然而,我还是继续追问。

"严肃点儿,我想知道。"

"干吗要知道?"

"知道了,我才好学习。"

"学习这是哪种疗法？那有什么用？"

"现在逃跑已经太晚了，不是吗？"我应道，并暗暗猜测他会怎么回答。

"逃跑？为什么要逃？"

"听着，说实话，什么都不能问让我很恼火。你兴致来了，就没完没了地解释；而你不愿解释时，我就完全得不到任何明确回答。这不公平。"

"你生气了？"

"是啊，我生气了。很生气！"

"那你要如何处理？生气时，你想干什么？你会忍着吗？"

"不，我想尖叫。该死，去他妈的！"

"再说一遍。"

"去他妈的！"

"再来，再说一遍。"

"去他妈的！！"

"别停。你在骂谁？别停。"

"去你妈的，矮胖子！你这个白痴！去死吧！"

矮胖子静静地看着我发火。终于，我的呼吸渐渐恢复平静。

又过了几分钟，他开口道："德米安，这便是我们进行的治疗。这种治疗旨在弄清当下发生的一切。德米安，这种治疗要在你的面具上划出几条口子，好露出真实的你。

"从某种意义上来说：这种疗法是独特和不可描述的，因为它建立在两个独一无二、不可描述的人（你和我）身上。我们两人一致同意，现在要更关注其中一个人的成长经历。那个人就是你。

"这种疗法无法'治愈'任何人，因为它只能帮助那些能自愈的人。这是一种不试图激发任何反应的疗法。相反，它只扮演催化剂的角色。这种催化剂或许能加快某项进程。但无论接不接受治疗，该事件迟早会发生。

"至少对我这个治疗师来说，这种疗法更像一场道德说教。简而言之，这是一种更侧重感觉，而非思考的疗法。它旨在行动，而非计划；它更强调存在，而非拥有；更着眼当下，而非过去或未来。"

"没错，就是'当下'，"我应道，"这种疗法比起我过去接受过的其他疗法，区别就在于此。你采取的这种疗法，更着眼于当下的情况。我之前知道或听说过的每一位治疗师，都对过去、动机或问题的起源感兴趣。你却一点儿也不操心那些。如果不知道情况从哪儿开始变糟，那该如何修正？"

"看来，要长话短说，我得把它提出来讲。试试吧，看我能不能为你解释清楚。据我所知，心理治疗领域有二百五十多种疗法。而这些疗法，又或多或少与二百五十多种哲学立场有关。

"这些流派的思想体系、关注焦点和解决问题的方式各不相同。但我觉得它们都有一个共同的目标：改善病人的生活质量。只是每个治疗师对'改善生活质量'的理解各不相同。不过……

算了，还是听我继续讲吧！

"旨在探索病人问题的心理治疗模式各有偏重。根据治疗师探寻病人症结的不同偏重点，这二百五十多种疗法解决问题的方式可以分为三大类。第一类专注于过去，第二类专注于未来，最后一类则专注于当下。

"第一种流派虽然并非最流行的，却都认为并践行以下观点：所有精神疾病的患者都在很久以前（如孩童时期）遇到问题，并从那时起，便一直为该问题产生的结果付出代价。因此，这类疗法旨在恢复病人的早期记忆，寻找导致精神疾病的诱因。因为那些记忆都被'压抑'在病人的潜意识里，所以病人和治疗师必须深入挖掘，寻找被'掩埋'的事件真相。

"传统精神分析便是该流派最典型的代表。为方便区分，我将其称为'追根究底派'。

"在我看来，很多分析师相信：只要找出导致病症的原因（即病人发现了自己为何做某事，或意识到了'下意识'的行为），病人的整体机能就将恢复正常运转。

"跟几乎所有事物一样，此类流派中受众最广的精神分析学也既有优点，亦有缺点。

"精神分析学的根本优势在于：对一个人内心过程的理解，其深度超越其他任何疗法。至少，我对此坚信不疑。病人借助弗洛伊德的疗法达到的自我意识深度，其他任何疗法都比不上。

"但是，缺点至少有两方面。一方面，精神分析的治疗过程相当长，既令人精疲力尽，也不太经济（此处并非仅局限于金钱方面）。一位精神分析学家曾对我说，病人一旦开始治疗，其生活三分之一的时间都会耗在上面。另一方面，该疗法的真正有效性还有待确定。就个人而言，我不相信一个人从治疗中获得的自我意识，能够多到足以改变自己的生活方式、摆脱不健康的思想，或克服任何导致其寻求治疗的问题。

"我认为，专注于未来的流派是另一个极端。这些眼下正时兴的流派认为：病人真正的问题在于，他们为了实现自身目标而采取的行动，与他们应该采取的行动不同。因此，这种治疗方法的侧重点不是分析问题的成因，也不是去深刻理解病人的痛苦，而是设法让病人抵达想去之处，或让其通过克服恐惧、得到想要之物，从而过上更有成效、更积极的生活。

"该流派解决问题的方式，基本可以由'行为疗法'代表。行为疗法提出：我们只能通过实践来了解自身行为。对病人来说，没有外界的帮助、支持和指导，他们往往不敢做此尝试。最理想的做法是由专业人士提供此类帮助。专业人士不仅要指出哪些行为是最合适的，还要明确建议病人应该采取怎样的态度，并全程陪伴病人康复。

"该疗法的支持者们关注的基本问题并非'为什么'，而是'怎么做'。也就是说，关注如何让病人实现其目标。

"该流派也有优缺点。优点有二：首先，这是个非常有效的疗法；其次，整个疗程进展极快。美国某些新行为主义心理学家宣称，该疗法只需进行一至五次心理咨询。但在我看来，'肤浅'是该疗法最明显的缺点。从始至终，病人既不需要了解自我，也不用发掘自身资源。因此，治疗只是为了解决一个具体问题（即让病人寻求治疗的那个问题）。而要实现这点，病人需要完全依赖治疗师。虽然这也不一定是件坏事，但有一点至关重要：它没能提供足够的手段，让病人与自己进行必不可少的对话交流。

"从历史角度来看，第三种流派也是最新的一种，由所有专注于当下的疗法组成。

"总的来说，大家一致认为：该流派既不调查痛苦的源头，也不推荐避免痛苦的方法。相反，它提倡的疗法专注于找出病人正在经历的困扰，以及他为何会陷入当下的境地。

"你知道，我采取的就是这种疗法。所以，很显然，我认为这才是最佳疗法。不过，我承认，这种疗法也既有优点，亦有缺点。

"相对而言，该疗法所需时间没有精神分析那么长，但也不像行为疗法那般短。此类疗法可能会持续六个月到两年。虽然达不到传统精神分析的深度，但在我看来，该疗法既能让病人对自我意识有相当程度的认识，也能让其具备利用自身资源的能力。

"另一方面，该疗法虽然可能加强病人与当下现实的接触，但它也可能暗藏了一种危险，也就是使病人采取（哪怕持续时间不长）一种'无所顾忌'的态度，将一切都看得太轻。这种所谓的'享受当下'的态度，其实与该流派谈论的'当下'毫无关系。该流派讨论的'当下'，势必会考虑，甚至需要探讨过去的经历和对未来生活的计划。

"一个古老的笑话或许有助于体现这三种不同疗法的风格。故事很简单，开头都一样，但我要开个玩笑，告诉你三种不同的结局。"

一个人大便失禁（也就是说，他总把屎拉在裤子里）。于是，他去看医生。检查完后，医生却找不到任何会导致这种情况的生理原因，于是建议他去找心理治疗师。

第一位心理治疗师遵循传统精神分析方法，故事结局是：

五年后，患者遇到一个老朋友。

"喂！你治疗得怎么样啦？"

"非常棒！"那人愉快地回答。

"这么说，你再也不会把屎拉到裤子上了？"

"噢，我还是会把屎拉到裤子上。但现在，我知道自己为何会这样了！"

第二位心理治疗师是行为主义者：

五年后，患者遇到一个老朋友。

"喂！你治疗得怎么样啦？"

"很好!"那人愉快地回答。

"这么说,你再也不会把屎拉到裤子上了?"

"噢,我还是会把屎拉到裤子上。但现在,我穿橡胶内裤啦!"

第三位是个完形学派治疗师:

五年后,患者遇到一个老朋友。

"喂!你治疗得怎么样啦?"

"棒极了!"那人愉快地回答。

"这么说,你再也不会把屎拉到裤子上了?"

"噢,我还是会把屎拉到裤子上。但现在,我已经不在乎啦!"

"我觉得,这样的解释真像世界末日。"我争辩道。

"或许吧,但无论如何,这种'世界末日'是真实的。就像你的治疗时间结束了一样真实。"

那一刻,我破口大骂。我真的很少如此激烈地咒骂一个人!

宝藏

虽然谈不上担忧，但上次的治疗还是让我有些心神不宁。无论找哪种心理治疗师，那可怜的男人还是把屎拉到了裤子上！这让我不得不重新考虑接受心理治疗的决定。毕竟，我不希望继续治疗的结果只是"明白导致问题的原因""穿橡胶内裤"或"不再担心那个问题"。如果投入时间和金钱只能得到这些，那是时候放弃治疗了。

"矮胖子，我已经不纠结这是哪种疗法。现在的问题是：我到这儿来干吗？"

"很遗憾，我无法回答这个问题。这个问题只有你才答得上来。"

"我很困惑，非常困惑。直到上次治疗前，我都相信心理治疗是有效的。而我也是那个一直推荐朋友们去看心理治疗师的人。但突然间，就在最近的那次治疗中，我的治疗师说：一个接受治疗前会把屎拉到裤子上的人（或一个跛脚/抑郁/疯狂的人），最后依然不会有丝毫改变。我真是完全无法理解。这太让人苦恼了。"

"陷在困惑中不会得到任何结果。这件事之所以让你困扰，就是因为你觉得自己必须弄清一切。同理，你觉得自己必须摆脱困惑，必须得到所有答案，必须做这个，必须做那个……德米安，放松点儿。正如我之前所说，在完形治疗中，唯一的'必须'，就是你得明白：没有'必须要做的事'。"

"说得没错。但就算抛开'必须'，有些答案我还是需要知道啊！"

"我能给你讲个故事吗？"

那天，我比以往任何时候更愿意坐下来洗耳恭听。我知道，豪尔赫的一个故事、一则寓言，甚至一个笑话，或许都能帮助我在混乱中找到清晰的思路。

从前，克拉科夫城有个孤独而善良的老人，名叫伊兹。一连几个晚上，伊兹都梦见自己去了布拉格，走上一座桥。梦里，桥下的一侧河边长了棵枝繁叶茂的树。他梦见自己在树旁挖水渠。挖着挖着，出现一个洞。洞中有一堆金银财宝，足够他富足平静地过完余生。

起初，伊兹根本没在意这个梦。但这样一连过了好几周后，他开始觉得：这不会是上帝或别的什么人特意送进自己梦中的消息吧？不能这么置之不理了。

于是，他决定跟着直觉走。装备好骡子，做好长途跋涉的准备后，他出发前往布拉格。

六天后，老人终于抵达布拉格，开始在城郊寻找那座河上的桥。

城郊的河并不多，桥也不多。很快，他便找到了要找的地方。一切都跟梦中一模一样：一样的河，一样的桥，桥下的一侧河边有棵一样的树。这里就是他要去挖宝的地方。

只有一个小细节与梦中不同：有个皇家侍卫日夜看守着那座桥。

伊兹不敢趁侍卫在时挖渠，便在桥边搭帐篷住下，静候时机。第二天晚上，侍卫开始怀疑那人在自己看守的桥边搭帐篷定有所图，便上前盘问。

老头找不到说谎的理由，便告诉侍卫自己之所以从一个遥远的城市而来，是因为梦见布拉格的这座桥下埋着宝藏。

侍卫顿时哈哈大笑。

"你竟为了如此愚蠢的理由，大老远地跑这儿来，"侍卫道，"三年来，我每晚都梦见在克拉科夫，一个名叫伊兹的老头家，有个炉子下埋着宝藏。哈哈哈！你以为我真该去克拉科夫找那个老头伊兹，到他家炉子下挖宝藏吗？哈哈哈！"

伊兹礼貌地谢过侍卫，回家了。

回去后，他在炉子下挖开一个洞，找到了一直藏在下面的宝藏。

讲完这个故事，矮胖子沉默了一会儿。然后，门铃响了。他的下一位来访者到了。豪尔赫走过来，给了我一个拥抱，还吻了吻我的额头。然后，我便离开了。

我在脑中回忆这次治疗。谈话伊始，矮胖子就在试着告诉我他想在故事里解释的道理。"问题的答案不在我手里，而在你自己手里。"

只有在我自己身上才能找到答案。豪尔赫身上、书里、治疗中或朋友身上，都没有答案。答案就在我身上！只在我身上！

跟伊兹一样，我苦苦寻找的宝藏，就是某样一直都在这儿，而非其他任何地方的东西。

"不在其他任何地方，"我一遍又一遍地重复着这句话，"不在其他任何地方。"

然后，我明白了：谁都无法告诉我治疗是否"有用"。治疗到底"有没有用"，只有我知道。关于这个问题，只有我自己给出的答案才确凿有理。而只有在当下这一刻，该答案才是有效的。接着，我还意识到：这一生的大部分时间，我都在找寻别人告诉我什么是对、什么是错，想要通过他人的眼光来理解自我。长久以来，我始终在外面苦苦寻找一直藏在自家"炉子"下的东西。

我也明白了：心理治疗不过是一件工具，它能帮助我们在正确的地点挖出隐藏的宝藏。而治疗师就像故事里的侍卫，会用他的方式一遍又一遍地告诉你该去哪儿寻觅，并不厌其烦地反复叮咛：去外面找是无济于事的。

　　跟伊兹一样，我的困惑解开了。当终于明白宝藏就在心中，正是某件一直伴我左右、永远不会遗失的东西时，我觉得自己真幸运。而我的心，也跟着变得无比踏实。

一瓶酒

当时，每次治疗似乎都如链条般，跟前一次治疗环环相扣。我真高兴，几乎不敢相信我竟靠自己想明白了这么多事。

体验"自我洞见"的过程中，我既有欢乐，也有悲伤，经历了欢笑，也有过泪水，但内心比以往任何时候都更接近平和，让我十分满意。我的灵魂安闲自在，我对自己的能力无比自信。此外，我也体验到了自己口中的"幸福"。

一切都如此顺利。但突然间，我开始觉得：如果其他人都继续生活在无知中，且这种状态会一直持续下去，那我解开自己的疑虑就毫无用处。我深感无助，开始生气，越来越气。

我感觉自己就像个外星人（真的，我跟其他每个人都不一样）。哪怕我能处理好这种情绪，但世上若只有一个人（或十个、一百个）能看清事物本质，那又有什么用呢？

然后，我想到了罗伯托叔叔。他曾经也接受过心理治疗。据他所说，治疗效果相当好。但接受了几个月的治疗后，他对自己的心理治疗师说："听着，我想，或许可以说，这条路我已经走完

10%。几个月来，我成长了 10%，但 50% 的老友都与我疏远了。所以，大致计算一番，这条路我走完 30% 时，90% 的老友都将离我而去。事实上，倘若结果是比失去'星期五'[1]的鲁滨孙更孤独才能成为一个心理更健康的人，那我觉得这并不值得。因此，谢谢你所做的一切，再见！"

那天，走进豪尔赫的诊疗室时，我便生出了这样的感觉。我虽然质疑自己接受心理治疗的目的，但我更怀疑治疗师采取的行动。此时此刻，我并非怀疑矮胖子（因为他对自己的所作所为都很坦诚），而是不再相信一切心理治疗师。

"培训出一名合格的心理治疗师，需要经历多长时间？就拿你来说吧：不算小学和中学，你上了六年医学院，念了五年专科，完成心理治疗师培训用了三年，学习个体治疗十年，还学了不知道多少年的谈话疗法，你还和我说你做了不少于十年的治疗，以使理论与实践相结合。咳！我说都说烦了！"

"虽然不知道你想说到哪里，但我要补充一个事实：心理治疗师的职业训练永远不会结束，这是一种'继续教育'。事实上，它就该永无止境。"

"所以，你基本上还是赞同我的观点。而在整个职业生涯中，

1　　"星期五"：《鲁滨孙漂流记》中的角色，为鲁滨孙的仆人。同名电影中他被奴隶贩子射杀，原著中则跟随鲁滨孙回到了英国。

你或许见到了几百个人。因为都是短期治疗，所以这点是有可能实现的。否则，我们讨论的顶多就是二十位病人，那便没什么意义了。矮胖子，若果真如此，从社会学的角度来看，你的职业毫无意义。"

"在你所说的多年漫长的学习和'训练'期间，我用了一些时间来读别人写的故事，或听从民间智慧收集而来的传说。而现在，我要把其中的一个故事讲给你听听。我想，它应该会起点儿作用。"

从前，有个国王……呃，另一位国王。他统治着一个名叫"葡萄公国"的小国家。他的王国里满是葡萄园，所有臣民都一心酿制葡萄酒。通过向其他国家出口葡萄酒，国内的一万五千户家庭赚到的钱足以使他们过上富足的生活，除了缴纳税款，还能享有几件奢侈品。

几年来，国王一直在研究王国的财政状况。他是个公正、宽容的君主，并不喜欢伸手向臣民要钱的感觉，所以始终在努力寻找减税的方法。

一天，国王想出一个好点子。他决定取消税收。臣民们每年只需在葡萄酒装瓶时，向国家做一次贡献。这时候，每人都要带一升当年最好的葡萄酒到皇家花园，把酒倒入一个专门为此打造的大桶里。

卖掉这一万五千升葡萄酒的钱，足以支付皇室、公共卫生和教育开销。

各大城市的主要街道都张贴出这则消息，举国上下一片欢腾。

每个酒馆，人们都举起酒杯，祝好心的国王健康长寿。

然后，就到了全民捐赠日。整整一周，社区里、大街上、城市广场中和教堂内，人们互相提醒，让大家别忘了这天。君主如此仁慈，公民们也要负起相应的责任，这当然是一种公正的报答。

那天一大早，一户又一户人家接踵而来。每家的当家人端着卡拉夫瓶[1]，挨个爬上长梯顶端，把瓶里的酒倒进皇家酒桶，再依次从另一侧梯子下来。财政部部长拿着国王印章等在梯子旁。每个下来的农民都会由他在翻领上盖个章。

下午三点左右，当最后一个农民倒空自己的卡拉夫瓶，人们便知道，每个人都来过了。能装一万五千升酒的巨桶满了，这就意味着所有该做出贡献的臣民都按时来到花园，将自己瓶中的酒倒入大桶。

国王既骄傲又满意。太阳下山，所有人都聚到皇宫前的广场后，国王走上高台，得到臣民们热烈的掌声。每个人都很高兴。国王让人从大桶里舀一杯酒送来。等

1　卡拉夫瓶：阿拉伯地区一种用来盛水、酒的瓶子。

待期间，他对臣民们说：

"葡萄公国了不起的人民！如我所愿：今天，你们都来到皇宫。民忠君、君爱民，这份皇室的喜悦，我必须要跟忠诚的你们共享！我想不出还有什么祝福，能比这第一杯敬献之酒更好。这杯酒由天下最好的葡萄所酿，出自世上最勤劳的双手，还承载着全国人民的爱。"

每个人都流下泪来，纷纷为国王欢呼。

一个仆人端来酒。国王举杯祝酒，臣民们欣喜地鼓起了掌。然而，国王的手突然停在半空。举起杯子后，他惊讶地发现杯中的液体透明无色。于是，他慢慢将鼻子凑了过去。他的鼻子经验丰富，能闻出最好的葡萄酒香气。然而，他非常肯定，这杯酒没有任何味道。作为品酒的高手，他几乎下意识地将杯子送到唇边，啜了一口。

这东西喝起来一点儿不像葡萄酒，也没有其他任何味道！

国王又命人从桶里取了一杯酒，接着又取了第三杯……终于，他决定亲自去取一杯。但没有用：取出的酒全都一样。没有酒香，没有颜色，也没有味道。

国王立刻下令，急召全国的炼金术士来分析这桶酒的成分。他们一致认为：桶里全是水，非常纯净的水，百分之百是水。

国王立刻派人找来全国所有的巫师和智者，催促他们解开这个谜团。什么样的魔法、化学反应或咒语，才能让那些混在一起的葡萄酒变成水？

最年长的内阁大臣走到国王跟前，说："奇迹？咒语？炼金术？陛下，没有的事，压根就是没有的事呀。陛下，您的臣民只是普通人，仅此而已。"

"我不明白。"国王回答。

"就拿胡安为例吧，"大臣说，"胡安有片从山上一直延伸到河边的大葡萄园。他收获的葡萄是全国最好的葡萄，他的葡萄酒总是以最高的价格第一个售出。

"今天早晨，他带着家人进城时，脑中突然闪过一个念头：如果把瓶里的酒换成水，会怎么样？谁能看出差别？

"往一万五千升葡萄酒里倒一瓶水，谁看得出来？没人！

"谁都不会看出来。只有一个小问题，陛下，一个微小的问题——

"所有的人，都是这么想的！"

同行与独行

豪尔赫怎么把治疗时间算得如此精确，每次结束时，都恰好讲完一个故事？每次，他总能留下一个念头，让我反复思索一周。他到底是如何做到的？

有时，这似乎是很棒的经历。我有长长的一周，可以好好思考那个故事，给出自己的理解，并深入研究自己可能从故事中得到何种好处。但有些时候，我并不能体会故事的真谛，也领悟不到其中的智慧，于是恼恨不已。

还有些时候，我表现得就像个傻子。离开诊疗室时，我会试着找出矮胖子到底想用故事表达什么。于是，以下情况频频重现：再次接受治疗时，不出所料，我定会向豪尔赫求证自己有没有"猜对"上周那个故事的含义，而矮胖子也会大发雷霆。

"我想说什么根本不重要！重要的是，它对你而言是否有意义，有何意义？我们不在学校，这里不是课堂。我坐在这儿，不是为了给你打分，检验你是否正确领会某些话的含义。我的天哪！我出口的话，就是我想说的话；我要是想说什么别的，我定会直截了当地说。德米安，你若非这么做不可，那故事只能成为你测试自我的工具，只能用于满足你的虚荣心，让你觉得：'啊哈，我理解了！啊哈，我又有一个新领悟了！啊哈，我解读出这个故事背后的含义了！啊哈，我真是个傻瓜！'"

那个葡萄酒变成水的故事让我思考良多。首先，我如释重负地意识到：我之前的想法都错了。事实上，治疗的终极目标已经超越自我，也超越了任何作为个体的病人。借用一句矮胖子之后说的话："任何经历了成长的人，都可能变成一名老师，为他人提供经验教训，或成为'能改变世界的链式反应'中的一环。"

想到这儿，我又意识到一件事：我（以及其他像我一样的人）经常因为觉得尝试无用，就放弃做某事。我们觉得自己无能为力，或者就跟故事里那些市民一样，认为哪怕做了，也没人看得出差别。

如果我真的那样做了……

哪怕只有一个人开始像我这般想，敢跟我做同样的事，或能注意到我态度的不同，意识到有采取不同行动的可能……或者若我能采取与往日、与其他任何人都不同的行动，那终有一日，一切都可能有所改变。

而且，我发现这种事一直都在上演：

人们不交税，因为他们觉得：交与不交有何区别？

人们并不善待彼此，因为他们觉得：谁能体会出差别？

人们放弃深思熟虑，因为他们觉得：我才不想当唯一的傻瓜。

人们不敢让自己想开心就开心，因为他们觉得一个人哈哈大笑很蠢。

舞会上，只有有人先跳，其他人才会陆续开始跳。

……而我们之所以没有变得更蠢，原因只有一个：每天的时间不够用。

如果我能更忠于自己，真真切切、持续不断地忠于自己，那我肯定能比现在友爱、礼貌、慷慨、善良得多！

这便是我当时与豪尔赫谈论此类事件时，我说出的话和我的所思所想。自己将变得孤独，这个念头一遍又一遍地在脑中闪现。完全孤独，在他人的嘲笑和指指点点下形单影只。或者，情况可能更糟，甚至连个指指点点的人都没有……

"几年前，"矮胖子开口道，"我写了篇文章，开头是这样的：'产道和棺材都只能容纳一具身体。'德米安，对我来说，这句话意味着：我们生而孤独，死亦孤独。在我看来，这个观点似乎很可怕。但它或许也是自我成长的过程中，我们必须领会的最难之事。

"但幸运的是，我也明白'人生之旅，有人同行'。有些人的陪伴时间很短，有些人多少能陪得长一些。还有些人，是能伴我们一生的朋友、爱人和手足。"

"矮胖子，你知道吗？这话让我想起曾经读过的一段话，一段讲夫妻的话：'别走到我前面去，因为我不一定能跟上你。也别落到我身后，因为我可能会把你弄丢。别走在我下方，因为我可能踩到你。也别走在我头顶，因为我或许会觉得你太沉。请与我并肩同行吧，因为我们是平等的。'"

"没错，德米安，就是这样。明白没人能替代你走这条路，至关重要。同样重要的是：要明白有人同行，将更有益身心。发现自我，明白自己是独特的、不同的、有边界感的，并不意味着就得孤独寂寥地生活。哪怕被迫过着自给自足的日子，也不例外。"

"所以，你的意思是，你离不开别人？"

"离不离得开，取决于某时某刻，你认为自己应该经历怎样的生活；以及那时那刻，'别人'到底是什么人。"

　　曾经有个游历四方的人。一生中，他去过数百个或真实、或虚幻的国家。

　　在长勺国的短暂经历，让他印象最深。走到长勺国边境纯属偶然。当时，他正从葡萄公国去往帕拉迪斯，顺便多绕了些路，便到了长勺国。因为喜欢探索，看到前方有路，他自然不会放弃。蜿蜒的小路通向一座巨大又偏远的房子。靠近后，他瞧见房子似乎分成东西两厢，于是停好车，走到屋前。正门上的一块牌子写着：

长勺国

这个小国家只有两个房间：

一个叫"黑厢房"，一个叫"白厢房"。

若想参观，请沿走廊向前走，

拜访黑厢房，请在岔路口右转；

拜访白厢房，请在岔路口左转。

　　于是，这人沿着走廊往前走，很随意地决定先转去右边瞅瞅。又走了大约五十码，前方出现一道巨大的门。只继续往前走了几步，他便听见黑厢房里传出哀号和呻吟声。

　　那痛苦的哭喊让他有一瞬间的犹豫，但他终究还是决定继续往前。他来到门口，推门走了进去。

　　几百人围坐在一张大桌旁。桌子中央摆着天下最精致的美味佳肴。虽然人人都有个能够到佳肴的勺子，他们却都快饿死了！原来，勺子比他们的胳膊长一倍，而且绑在他们的手上。这意味着：每个人虽然都能够到想吃的食物，却无法送到自己嘴边。

　　这情景真令人绝望。男人的心都揪紧了，转身逃也似的出了房间。

　　他回到走廊，从岔路口左转，走向白厢房。眼前的走廊和门几乎跟刚才的一模一样，唯一不同的是：虽然越走越近，他却并未听见哭号或呻吟。他来到大门前，转动门把手，走了进去。

这儿也有几百人。跟黑厢房里的人一样，他们围坐在一张桌旁。桌子中央摆满精致的美味佳肴，每个人手上也都绑了个长勺子。

但在这里，没有一个人痛哭哀号，也没人快饿死。因为，他们都在互相喂别人吃！

那人露出微笑，转身离开了白厢房。当他听到门在身后"咔嗒"一声关上时，突然不可思议地发现自己已经回到了车里，正朝帕拉迪斯而去。

聋妻

一天，我一坐下来就开始滔滔不绝，非常清楚这天自己想说什么——我跟女朋友吵架了。

"加布里埃拉简直疯了。"

"她怎么啦？"

"她疯了……满脑子奇怪的念头，疯疯癫癫、神经错乱……"

"因为什么呢……"

"整整一周，我们都在争论度假的事。加布里埃拉的爸妈前来看望我们，她想一个月都跟他们待在乌拉圭。我才不想去，我宁愿跟俱乐部的那群朋友在阿根廷玩儿。她在阿根廷肯定能玩得更开心，却非要去乌拉圭。加布里埃拉简直能把我逼疯。看到她那般一意孤行，我也越来越固执，最后甚至连话都不想再跟她说。她好像完全无法敞开心扉，听取任何人的意见。"

"她为什么想去乌拉圭？"

"没什么理由。就是心血来潮。"

"但她没说那是心血来潮，对吧？她说了吗？"

"没有，她说她真的想去乌拉圭。"

"你没问原因吗？"

"当然问了，但她胡诌了些什么，我也想不起来了。"

"德米安，咱们好好分析分析。你连她说了什么都没记住，怎么知道她在胡诌？"

"因为加布里埃拉一旦认准某样东西，就什么话都敢说，什么理由都听不进去。别人说的每句话，她都能驳回，只听得进自己的理由。"

"无论你说什么，她都驳回？"

"是啊。"

"打个比方，她是不是说你的想法都是'疯话'，或者说你'固执'……"

"没错。"

"还说'无论你想做什么，都是心血来潮'。"

"嗯，这句也说过。你怎么知道？……"

"昨天，我听说了一个小笑话。"

一个男人给他的家庭医生打电话。

"里卡多，是我，胡利安。"

"噢，你好！最近还好吧，胡利安？"

"呃，我打电话来，是因为有些担心玛丽亚。"

"哦？她怎么啦？"

"她越来越聋了。"

"什么意思？"

"真的。你过来给她看看病吧。"

"好吧。通常来说，耳聋并非急症，周一把她带来，我给她瞧瞧。"

"你真觉得这事能等到周一？"

"呃……你怎么知道她听不见？"

"因为我叫她，她没反应啊。"

"或许就是'耳朵被塞住'之类的小问题。咱们来试试，她到底聋到什么程度。你这会儿在哪儿？"

"卧室。"

"她在哪儿？"

"厨房。"

"很好，那站在这儿喊她。"

"玛——丽——亚！没用，她听不见。"

"那好，走到卧室门口，冲着走廊喊她。"

"玛——丽——亚！没用，什么反应都没有。"

"嗯，继续，别灰心。你用无绳电话，然后沿着走廊朝楼下走，边走边喊她的名字，看看她什么时候才能听见。"

"玛——丽——亚！玛——丽——亚！玛——丽——亚！不行，完全没用。我已经走到厨房门口，甚至都能看见她了。她背对着我洗碗，却听不见我的声音。玛——丽——亚！没用。"

"再走近些。"

那人走进厨房，站到玛丽亚身旁，一手按在她肩上，冲着她的耳朵大喊："玛——丽——亚！"

妻子愤怒地转过身，冲他说道："你要干吗？喊什么？喊什么？喊什么！！你喊了十声，我也回答了十句'怎么啦'。你真是一天比一天聋，干吗不去找医生瞧瞧……"

"德米安，这就叫'投射[1]'。每次因为他人而恼火，我都会提醒自己：无论看到什么，至少从某种程度上来说（哪怕是最低限度），我心里也有那个东西。

"好了，还是回到你这件事上吧。你说加布里埃拉做事总是心血来潮，她是怎么个心血来潮法？"

---

1 投射：心理学术语，指个人意念、欲望等的外化。

别混为一谈！

　　"加布里埃拉总是抱怨我没把她介绍给我的朋友们。她总想结识我在大学里的那些朋友。我真是受够了！"

　　"那你介绍他们认识了吗？"

　　"呃，我又没打算把她藏起来。如果在街上或派对里碰到谁，我当然会介绍他们认识。但她想结识的，是我的整个朋友圈。"

　　"如果我的理解没错，我想，这正是你不愿看到的情况吧。"

　　"呃，得看情况……"

　　"看什么情况？"

　　"噢，我怎么知道？看情况啊。如果气氛自然，当然可以水到渠成地介绍他们相识。但我不想刻意制造邂逅，一点儿都不想。"

　　"你在开玩笑吗？什么叫'刻意制造邂逅'？有人在大学举办了一场派对，邀请你去，你带着女朋友赴约不就行了？这算'刻意制造邂逅'吗？"

　　"算啊，当然算。她不属于那个圈子。那些人都不认识她。"

　　"德米安，这玩笑真蹩脚。我有个表弟，他总喜欢午餐前先吃块三明治，晚餐前又吃一块。因为，他说自己不能空着肚子吃饭。"

"我觉得，那个笑话跟我完全无关啊。"

"嗯，你的确看不出其中的联系，只会不停地跟我说因为朋友们不认识加布里埃拉，所以你的朋友圈里没有她的位置。可你也不给她认识他们的机会啊……"

"……"

"为什么呀，德米安？"

"因为他们是完全不同的群体……"

"为什么？"

"因为加布里埃拉……"

"为什么，德米安，为什么？"

"为什么？因为我不想把他们搅和到一起。"

"什么意思？"

"我就是不想把他们搅和在一起。相信我，这事并不容易。为此恼火的可不只加布里埃拉，朋友们也总是叫我一定要把加布里埃拉带上。没人理解我想让他们各归各位，互不干扰。"

"但告诉我：虽然他们是不同的群体，可这些不同的事儿难道不是一起堆在你心里吗？"

"当然，他们都在我心里。但在外部生活中，我并不想让他们搅和到一起。"

"为什么？"

"不知道，矮胖子，我真的不知道。"

"这不是你第一次这么干了，对吧？"

"你怎么知道？"

"你之前就告诉过我，不同的群体混在一起让你很不安。"

"噢，没错。我估计跟你说过不想让家人跟朋友混在一起，或者俱乐部的人和大学的同学应该分开。还说过谁吗？我也不记得了。"

"我理解这种感觉。没错，努力保持一定的私人空间对你来说或许很有用。但我也认为：试图将生活中的人和事分类，并让他们永远泾渭分明，这么做不仅令人精疲力尽，还可能很危险。"

"危险？什么危险？"

"在我看来，你一旦设立起屏障，其他人就会开始怀疑自己在你生活中的位置，继而向你索取分享事物的机会，尤其是分享那些明显对你很重要的东西。"

"啊，那是他们的事，跟我有什么关系。"

"别这么死板。就算是他们的事，但你才是那个应该知道别人最后会心生愤懑，觉得自己被排斥和鄙视了的人。那就是你要冒的险。试图阻止不同群体的朋友彼此融合，或在群体间设置障碍，你很可能最终伤害他们，并毁掉彼此之间的友谊。"

"但我觉得，只有面对真正互不相干的群体，我才会这么做啊。"

"德米安，还记得几个月前刚开始接受治疗时的事吗？当时，你回到学校后钱不够用，又不想找父母借。我自然借了些钱给你，让你下个月或什么时候有钱了再还，对吧？"

"嗯。"

"还记得当时发生了什么事吗？"

"嗯，我不想借钱。"

"为什么不想借钱，还记得吗？"

"不记得了。"

"你说你很吃惊，虽然非常感激，但不想'把事情搅浑'。这话听起来很耳熟吧？"

"好吧，就算是吧。但你并没有生出被轻视或被排斥之类的感觉。"

"你确定？"

"……差不多吧。"

"撒谎，你一点儿都不确定。"

"瞧，跟你在一起时，我甚至连自己叫什么都无法确定。"

"德米安，能不能把事情分得清清楚楚，有时并不那么重要。当你真诚地向某人发出邀请，对方却出于自身的愚蠢、骄傲或别的什么原因拒绝了你，你会不高兴。你的第一反应肯定都是'让他们见鬼去吧'。"

"好吧，我明白了。的确如此。"

"换个话题，我给你讲个故事吧。"

从前，一个男人有个很蠢的仆人。这个男人还算大度，没有解雇他，却也无法慷慨到一直不让他干任何事（应付笨蛋的最好方式，就是什么都别让他干）。于是，他试着让这个仆人做一些简单的事，也好算得上"有些用处"。一天，他叫来那个笨仆人，说："去店里买一份面粉和一份糖。面粉拿来做面包，糖用来烤甜食。千万别把它们混到一起，听见了吗？不能混到一起！"

　　仆人拼尽全力，不忘记主人的要求：一份面粉、一份糖，千万别把它们混到一起。千万别混到一起！然后，他拿了个盘子，便朝商店而去。

　　一路上，他都在反复念叨主人的指示：一份面粉、一份糖，千万别把它们混到一起！

　　终于，他走到商店。

　　"老板，我要一份面粉。"

　　店老板用勺子舀了一份面粉，足有满满一勺。仆人上前，用盘子接住勺子里的面粉。

　　"还要一份糖。"仆人说。

　　老板又把勺子伸进一个大罐子，舀出满满一勺糖。

　　"千万别把它们混到一起！"仆人嚷道。

　　"呃，那你想让我把糖装到哪儿？"老板问。

　　仆人想了一会儿（对他来说，思考可不是件容易的事），把手伸到盘子下，发现盘子的另一面是空的！于是，他当机立断，把盘子一翻，说："装这儿吧！"毫无疑问，面粉撒了一地。

仆人转过身，快活地朝家走去：一份面粉和一份糖，千万别混到一起。

主人回家，看见他端着一盘糖进来，问道："面粉呢？"

"我保证没把它们混到一起！"仆人边答，边飞快地把盘子一翻，"在这儿呢！"于是，糖也撒了。

翅膀

一天，我刚进诊疗室，就发现豪尔赫已经准备好一个故事，等着讲给我听了。

从前，有个男孩儿。他长大后，爸爸说："儿子，不是每个人生来就有翅膀。虽然没有飞翔的义务，但我觉得：既然上帝赋予了你翅膀，你如果只用脚行走，那可太遗憾了。"

"但我不知道怎么飞呀。"男孩儿答道。

"那倒是。"于是，这个父亲便带着儿子来到一座面临深渊的山崖边。

"儿子，瞧，这儿有片空旷之地。你想飞时，就到这儿来，深吸一口气，往下跳。张开翅膀，你便会在空中翱翔。"

男孩儿一脸疑惑。

"我要是掉下去了怎么办？"

"就算掉下去，你也不会死，不过弄出些擦伤罢了。那些伤能让你下次尝试时，变得更加强大。"

然后，男孩儿回到城里，去找了那些陪他一路步行至今的朋友和同学们。

大多人都思想保守，纷纷对他说："你疯了吗？干吗要飞？你爸丧失理智了吧？干啥事需要飞？别傻了。谁需要飞啊？"

但跟他关系更好的几个朋友建议："万一你真能飞呢？这事听起来很危险！干吗不慢慢来？先试着从梯子或树顶往下跳吧，别一来就选山顶！"

男孩儿听从了好友们的建议，爬上树顶，鼓足勇气，纵身一跃。他张开翅膀，在空中拼命扇动。但不幸的是，他还是重重地摔落在地，额头上撞出一个大包。

他顶着脑袋上的包，跑去找爸爸。

"你骗我！我根本不能飞！我试了，但你瞧，结果只得到一个大包！我不像你，我的翅膀只是装饰品。"

"儿子，"爸爸说，"要想飞起来，就要给翅膀足够的伸展空间。这就像跳伞：起跳前，你得先达到一定的高度。

"要学会飞翔，得先有勇气去冒险。

"如果不愿承担风险，那你还是认命，一辈子用脚走路好了。"

你是谁?

?

我一直在努力了解自我,想弄清关于自己的一切。在这种欲望的驱使下,加之治疗师的帮助,我花了很多空闲时间思考自己的生活、当下和过去的感觉、各种回忆,也琢磨自己如何受豪尔赫的启发,萌生出这种令我惊讶的"自我觉察"能力。

但并非一切顺遂。我能想通一些事,但也有些想法挥之不去,更有些情绪难以克制,让我悲伤又沮丧。

当时,我几乎对每个人怨声载道。不知哪儿出了问题,我就是觉得其他人都不值得信任。是因为我总结交错人?还是因为他们最终都会变得和我所期待的大不一样?

问题是:到头来,我总发现自己不是在等待一个永远不会出现的人,就是碰到对方于最后一刻因故爽约;或者无论约在哪儿,我都在无休止地等待,对方就是没法准时出现。

于是,豪尔赫为我读了乔瓦尼·帕皮尼[1]的一个故事——《你

---

1 乔瓦尼·帕皮尼(1881—1956):意大利作家、哲学家。

是谁？》。

一天清晨，辛克莱照常七点起床，趿着拖鞋去洗澡、刮胡子、喷古龙水。他也照例穿上时髦的衣裳，下楼取信。但他无比诧异地发现：居然没有他的信。

近年来，他的来信数量增加了不少。信件是他与外界联系的重要渠道。虽然一封信都没有，这的确让人有些恼火，但他还是遵从医生建议的早餐食谱，匆匆吃完牛奶和麦片，出了家门。

一切都跟往常一样：城市里，同样的车在同样的大街上轰隆隆地来来往往。步行穿越广场时，他差点儿撞上埃克塞教授。教授是他的好朋友，两人经常聊一些深奥又无用的理论，一聊就是好几个小时。他冲教授挥手打招呼，教授却似乎没认出他。于是，他又大喊对方的名字，可教授已经走远了。辛克莱想：他估计是没听见吧。这天不仅没开好头，似乎还有越来越无聊的迹象，真是令他烦躁不已。他决定回家，读会儿书，做些研究，再等等信。肯定会有信的，哪怕先前未到，之后也会全数送来。

那天晚上，辛克莱睡得很不好，第二天很早就醒了。下楼吃早餐时，他就开始朝窗外张望，等邮递员来。终于，有个人转过街角，他激动得心跳都加快了。

然而，邮递员只是从旁经过，并未在他家停留。辛克莱出门把他叫了回来，确定是否真的没有自己的信。邮递员不仅向他保证邮包里的确没有寄往这个地址的信，还说城里的邮政系统既没发生罢工，也没出任何问题。

辛克莱并未因此平静下来，反而更忧心忡忡。多半出什么事了，他一定要弄清楚。于是，他穿上外套，直奔朋友马里奥家。

一到朋友家，他就让管家赶紧通报，自己则坐在客厅等待。朋友很快便出来了。辛克莱张开双臂迎了上去，朋友却回了一句："抱歉，先生，我们认识吗？"

辛克莱还以为对方在开玩笑，勉强笑了笑，催朋友赶快给自己端杯喝的。然而，结果很可怕：主人竟叫管家把这个陌生人赶出去。辛克莱见状，顿时失控了，又是大喊大叫，又是破口大骂。这下，健壮结实的管家更有理由将他粗暴地赶到大街上。

回家路上，他又碰见几个邻居。但他们不是无视他，就是表现得像碰到了一个陌生人。

此时此刻，他生出一个念头：有人在密谋针对自己。他肯定做了什么危害社会的事，才突然被社会如此强烈地抵制。而就在两天前，社会还是那样热烈地看重他。无论如何绞尽脑汁，他仍想不出自己干了什么错事，更别提什么有可能引起全城抵制的事了！

他又在家待了两天，等待始终未到的信，也盼着有朋友纳闷为何见不着他从而登门拜访。可是，没有一个人顺道来访，一个登门的都没有。清洁女工招呼都不打一声便无故旷工。家里的电话也不响了。

　　第五天晚上，辛克莱喝了不少酒后，决定去酒吧。之前，他跟朋友们经常约在那儿见面、聊天。一走进去，他就瞧见几个朋友像往常一样，仍坐在角落的那张桌旁。胖汉斯又在讲他那个老笑话，每个人也都像以前那样哈哈大笑。辛克莱拉开一张椅子，坐了下来。桌上顿时死一般的寂静。显然，没人欢迎他。辛克莱再也受不了了。

　　"谁能好心告诉我，你们到底对我有什么意见？如果我做了什么惹恼你们的事，现在就说出来，我们当面解决。但别再这么对我，我都快疯了。"

　　其他人面面相觑，觉得既好笑又好气。其中一人伸出食指按在太阳穴上转了一圈，示意这个新来的家伙是不是脑子有问题。辛克莱再次求他们给出解释，随即又求了一次。终于，他扑倒在地，苦苦哀求，问他们为何如此对他。

　　只有一个人愿意跟他讲话。

　　"先生，我们都不认识你。所以，你当然没做过什么。其实，我们根本不知道你是谁。"

辛克莱泪如雨下，无比沮丧地离开酒吧，拖着步子朝家走去，两只脚都似有千斤重。

一回到卧室，他就扑倒在床上，不明白自己怎么就变成了一个陌生人、一个缺席者。朋友们的通信录上不再有他，心里想不起他，自然也不会再对他有任何感情。脑子里突然蹦出一个念头，重锤般击中了他。这个问题跟其他人问的一样。此时此刻，他也开始纳闷："你是谁？"

他真能解答这个问题吗？虽然知道自己的姓名、住址、衬衫大小、身份证号码和其他一些"明确"将他与别人区分开来的个人信息，但除此之外，从内心深处来看，他到底是谁？那些喜好、态度、偏向和想法，真的属于他吗？或者，它们也跟很多其他东西一样，不过是不想让别人（即那些希望他保持原来模样的人）失望而做出的努力罢了？

他开始明白一件事：变成陌生人之后，他不用再遵循任何预先确定的方式行事了。无论他做什么，其他人对他的反应都不会有任何改变。几天来，他第一次让自己镇静下来，因为他发现新身份能让他随心所欲。无论做什么，他都不用寻求社会的认同了。

他深吸了口气，觉得空气仿佛第一次进到肺里。他感觉到血液在血管里流动，感觉到自己的心跳，也第一次惊讶地发现：

他不害怕！

此时此刻，他终于意识到自己是孤独的，一直都是孤独的。他只有自己。他可以笑，也可以哭，只为自己，不为其他任何人。此时此刻，他终于明白：

自我的存在，不依赖其他任何人。

他发现：独处让他找到了自我。

他安然地沉沉睡去，做了很多美梦。

十点，他醒了。一缕阳光透过窗户照进来，给整个房间投下一道神奇的光线。

他没洗澡，哼着一首之前从未听过的歌，径直下了楼。然后，他发现门下有东西：一大堆寄给他的信。

厨房里，清洁女工像什么事都没发生过一样，冲他打招呼。

当天晚上，酒吧里似乎谁都不记得之前那个诡异又愚蠢的夜晚。或者说，至少没人愿意就此再说什么。

一切都恢复了正常，除了他自己。

幸运的是——

他，再也不用哀求他人的注视，以证明自己还活着；

他，再也不用恳求外界来定义自我；

他，再也不怕被拒绝。

一切都是老样子，

除了他自己。

他再也不会忘记自己是谁。

"德米安，你的经历也是如此。"矮胖子继续道，"若意识不到自己在依赖他人的认可，你就只能生活在担心被他们抛弃的恐惧中。和其他每个人一样，你学会了恐惧。

"而摆脱这种恐惧的代价，是'服从'，是屈于那些'深爱我们之人'的压力。我们的所思所想，均如他们所愿。

"你若能跟帕皮尼笔下的角色一样'幸运'，在某一时刻被社会抛弃，那你就能在别无选择之下，明白那种抗争有多徒劳。"

不过，若事与愿违，

如果你一直"不幸地"被众人接受和奉承，

那么，一切就得仰赖你对自由的认识。

你将被迫做出选择：

从众，还是独行？

是成为必须成为的那个人？

还是不为任何人成为任何样子？

你可以真正做自己，

但只有独行，才能真正做自己。

过河

"气死我了！"

"怎么啦？出什么事啦？"

"呃，就是……我得把一个同学需要的笔记送去他家。可他住得真远。"

"听着，德米安……"

"嗯，我知道，"我打断他，"你又要说我没有'必做'之事。我该因为想做某事才去做。做与不做，完全取决于我……我都知道。"

"没错，取决于你。"

"嗯，的确只是一种选择。但我总觉得，那也是我的义务。"

"好吧，我并非质疑这个事实，甚至不会质疑你为何觉得自己有义务这么做。但我质疑的是：你甚至不知道自己有此感觉。"

"我知道我为何觉得自己有义务这么做：胡安人很不错，每次我需要什么，他都会帮忙。所以，无论如何，这次我也不该拒绝他。"

"无论如何？你当然'能拒绝'，其实……"

"……那胡安会怎么看我？"

"不，甚至更糟。你会担心你将如何看待自己。"

"我？我会觉得自己像个浑蛋。"

"先别管你是不是把笔记给他送去了，仅仅生出不想去的念头，已经让你觉得自己像个浑蛋，不是吗？"

"嗯，应该是吧。"

"这就是内疚带来的麻烦。瞧见了吗？人们因此痛苦不堪。一天中的十二个小时，他们为自己是这样的人而内疚；另外十二个小时，他们通过喋喋不休的抱怨，让其他人感到内疚。"

"很好。现在我只知道：自己其实啥都不懂。"

"或许这样更好。或许，什么都不懂时，正好能学习更多东西。"

豪尔赫每次用这种半达观、半讽刺的语气讲话，我都搞不清他是在跟我说话，还是仅仅在我面前大谈人类的未来。这种情况简直要把我逼疯。

不管他为何这么做（为自己，为我，或者是以科学之名），有一件事我很清楚：虽然在未来的某个时刻，我会因之受益，但此时此刻，我只想逃跑：不想接受治疗，不想管什么自我成长，什么都不想要了，我只想——逃跑。

但是，想起一次类似的经历，我终究还是没逃。那次，事实证明逃跑只会导致更糟糕的结局。因为逃跑并不能解开疑惑，在厘清一切之前，任何事我都做不了。

以下是豪尔赫那天给我讲的故事。后来，我常常想起这个故事。它不断提醒我做事不能半途而废，以及如果满脑子都是无法解决之事，将有多危险。

从前，两个禅僧穿越森林，走在返回寺院的路上。经过一条河时，看见一个年轻貌美的女子蹲在岸边哭泣。

"怎么啦？"较年长的僧人问她。

"我妈妈快死了。她独自在家。我家在河对岸，我却过不去。我试过了，但水流总是阻挡我。没人帮忙，我永远也别想过去。我见不到她最后一面了，"女子继续道，"但现在，现在你们来了。你俩之中，定有人能助我过河。"

"但愿我们能帮你，"年轻一些的僧人悲伤地说，"唯一可行的方法，就是把你背过河。可清规戒律禁止我们碰触异性的身体。这事绝对不行。对不起。"

"我也很抱歉。"女子继续哭泣。

较年长的僧人跪下来，低着头道："上来吧。"

女子几乎不敢相信，但还是飞快地束起衣服，趴到僧人的背上。

较年长的僧人费力地在河水中前行，年轻一些的那个跟在他们后面。

到达对岸后，女子下了地，走到较年长的僧人面前，想亲吻他的手表示感谢。

"不用了，不用了，"年长的僧人边说边抽回手，"你赶紧上路吧。"

女子感激又谦卑地鞠了一躬，沿着大路，直奔城镇而去。

两个僧人什么也没说，继续朝寺院走。他们还有十小时的路程。

快到寺院时，年轻一些的僧人问那个年长的："师父，你比我更清楚清规戒律，为何还要驮着那个女子，蹚过整条河？"

"没错，我的确驮她过了河，"他说，"但是你呢？为何到现在都没把她放下？"

给王公的礼物

"听着，德米安，把笔记带去朋友家固然很好。如果做完这件事，你还能由衷地为之高兴，那就再理想不过；如果做这事你并不激动，那这么做还算合理；但如果这事让你心情不佳，干吗还要去做呢？我不认为仅仅靠你的笔记，胡安就能通过考试。"

"你说这些话有何意义？"

"没什么意义，就是开个玩笑。你也可以不听。"

"真不明白你干吗老揪着这事不放。我已经说了，我会送去！"

"只有我揪着不放，你才会开始明白到底该如何解决此事。想听我讲个故事吗？"

从前，有个非常睿智的王公即将迎来百岁诞辰。因为人人都非常热爱他，所以听到这个消息，大家非常高兴。众人计划那晚在王宫举办一场盛大的聚会，并邀请了国内外最有权势的人来出席。

这天终于到来，宫殿外堆起小山般的礼物。王公将在这儿迎接所有来客。

宴会上，王公命仆人把礼物分成两堆：有送礼人姓名的放一堆，未署名的放在另一堆。

吃过甜点后，王公命人把两堆礼物都搬进来。一堆是数百件又大又贵重的礼物，另一堆小得多，只有十几件礼物。

王公开始拆第一堆礼物，一边拆，一边大声喊来送礼的人："无论你送的什么，我都非常感谢。但现在，我把它还给你，我们还跟从前一样。"就这样，无论什么礼物，他都一一归还了。

然后，他走向第二堆礼物，道："这些礼物没写名字。我会收下，因为它们不会迫使我做任何事。到了我这个年纪，再背上人情债可不明智。"

"德米安，你每次接受某样东西，你或他人心中或许会觉得：此时收下的东西，日后必将成为需要偿还的债务。既然如此，什么都别收反而更好。

"但如果你能不求回报地'给予'，或没有负担地'接纳'，那便有了选择权：无论接纳，还是给予，永远别觉得自己有了什么义务。更重要的是，没人会不偿还欠你的东西，因为没人欠你什么。"

豪尔赫说完后，我突然就不生气了。我发现，自己没有义务给朋友送笔记。我发现，胡安帮助我时，从未期望得到任何回报。而且，他若是因为想要回报才帮我，那他就太卑鄙了，我才不会如他所愿。所以，我不欠他什么，完全可以去做自己想做的事。

于是，我吻了豪尔赫的脸颊，与他告别，便出发去给胡安送笔记了。

寻找佛陀

有时，我发现自己会琢磨：完形心理治疗的哲学前提是否过于以自我为中心。

看起来，这种意识形态似乎给了人们太多自由，以至于可以随心所欲地惹恼其他人。你也可以花一辈子的时间钻牛角尖，完形学派认为这么做毫无问题。

总之，在完形学派看来，我们所受的教育中推崇的各种积极行为都没什么价值。

于是，我就此向矮胖子提出疑问。

"你是对的，"他说，"有时，它看上去就是那样。"

"你是说，它并非如此吧？"

"不，它就是如此。也正是因为这个原因，它看上去才会是那样。"

"你可真会搞笑啊！"

"我是认真的，就是那样。我想说，虽然没法断言完形学派怎么认为，但我可以跟你聊聊我自己的想法。我确实认为，哪怕'卑微可鄙'，每个独立的个体也应该'真实地做自己'。"

"所以，你宁愿生活在一群卑微可鄙的人之中？"

"不，但想象一下，如果我们每个人都能真实做自己，忠于自我，那我觉得现实会变成这样：卑微可鄙之人会继续行事卑劣，这种新的生活方式并不会给他们带去任何改变。但那些只是因生活所迫而佯装卑劣之人，则会变得善良亲切。更重要的是，真正心地善良的人将不再质疑自我，也将有很多空闲时间做好事。"

"但到头来，一切还是不会有任何改变。"

"不是的。我们所受的教育让我们相信：人必须团结。但我认为：人得试着放弃团结。"

"如果我们教导人们放弃团结会怎么样？"

"或许会有用，但我们不应该强迫任何人'团结'，那就好比迫使河流动起来。这完全没道理。"

"可有些人就是比其他人优秀。而且，世上本就有'自私'与'团结'、'好'与'坏'之分。"

"很有可能。但我更倾向于这种说法：我们只是在不同的高度飞行。我更愿意认为：大多数人都是在世间行走，但少数人能飞——比如大师们。更少一部分人能飞得很高——比如圣人们。不幸的是，也有些人只能勉强在地上拖动身躯，他们甚至连头都抬不起来。你我管这种人叫'坏人'。

"哪怕承认并非所有人都有翅膀，我也认为每个人都有权选择自己的道路，或努力争取人生的高度。但也有些'精神错乱'之人宁愿拼尽全力攀爬，努力让自己显得更高，也不愿真的学习飞行。尽管听起来不可思议，但还有些人为了寻找某种答案，穷尽一生，将自己越埋越深。"

"好吧，在我看来，一切取决于你想达到什么高度。"

"这点我也不知道。我给你讲个故事吧。"

佛陀在世界各地旅行。这样，他或许就能遇见各种信徒，跟他们谈论真理。

一路上，信徒们成群结队地赶来听他教诲，也纷纷把握此生唯一的机会，来触摸他一下，或看他一眼。

四名僧人听说佛陀会去瓦利城，便将行李放上骡背出发了。如果一切顺利，几周后，他们也能抵达瓦利城。

其中一人不太熟悉去瓦利城的路，便一直跟着其他人走。

三天后，他们突然遇上一场大风暴。几个僧人匆匆赶路，终于躲进一个小镇，等待风暴过去。但速度最慢的那人没能赶到镇里，只得向镇郊一户牧羊人家寻求庇护。牧羊人接纳了他，让他夜里有地方住，也有东西吃。

第二天早晨，僧人离别前向牧羊人辞行。快走到谷仓时，他看见风暴把羊群吓得四散奔逃，牧羊人正努力将它们赶到一起。

僧人想：此刻，另外几名同伴肯定已经离开小镇。若不尽快赶路，自己就会被远远甩下，再也追不上他们。然而，在接受了牧羊人的庇护后，他实在无法弃之于不顾。于是，他决定留下来帮牧羊人把所有羊赶到一起。

就这样，三天过去了。他再次上路，循着同伴们的脚印往前赶。途中，他在一座农场停下来补给饮水。一个女人指了指水井的位置，然后抱歉地说她忙着收割庄稼，没法帮他。僧人喂骡子喝了水，把自己的羊皮袋也装满了水。这时，女人对他说，自从丈夫去世，仅靠她和孩子们收割庄稼，真是很难赶在庄稼坏掉前将它们都收割完。

僧人明白，这个女人绝不可能及时完成收割。但他也知道，如果留下，他将失去同伴们的踪迹，无法在佛陀入城时赶到瓦利城。

"噢，没事，反正几天后就能见到。"他知道佛陀将在瓦利城待几个星期，于是这般安慰自己。

收割整整花了三个星期。结束后，僧人立刻再次上路。

途中，他得知佛陀已经离开瓦利城，前往更北边的一个城镇。于是他也改变方向，朝新城而去。

他本可以及时赶到，见佛陀一面。但他不得不中途停下，救了一对被激流卷下河的老夫妇。他若不施以援手，那两人必死无疑。老夫妇康复后，僧人再次出发，却得知佛陀又上路了。

整整二十年，僧人一直追逐着佛陀的足迹。每次临近目的地，都会有事耽搁他的行程，也总有人需要他的帮助，不知不觉地让僧人永远无法及时赶到。

终于，僧人听说佛陀决定返回自己出生的城市，静待圆寂。

"这是我最后的机会了。"他自言自语道。若不想至死都没见过佛陀，我就不能再分心他顾。此时此刻，没有什么事能比赶在佛陀圆寂前见他一面更重要。以后还多得是时间帮助他人。

于是，僧人带着自己的最后一头骡子和为数不多的行李，再次出发了。

眼看着还有一天就能赶到城里，他却在半路差点儿被一头受伤的鹿绊倒。他照料它，给它水喝，把新鲜的泥巴敷在它的伤口上[1]。濒死的鹿拼命呼吸，挣扎着想要更多空气。

"应该找人陪陪它，"僧人想，"那样，我就能继续赶路了。"

可目力所及，一个人都没有。

他十分温柔地将鹿放在一堆岩石旁，又把水和食物

---

1 过去人们会把泥巴敷在伤口上，起到止血和收敛伤口的效果。

留在它嘴边，然后起身准备离开，继续赶路。

只走了两步，他突然觉得：自己绝不能这样去见佛陀。因为那样的话，在内心深处，他知道自己曾任由一个可怜又无助的生命如此孤独地死去……

于是，他卸下骡子身上的行李，留下来照顾这只小动物。整整一夜，就像照料自己的孩子般，他看着小鹿渐渐入睡。他温柔地喂它喝水，替它更换额头上的毛巾。

黎明时分，小鹿痊愈了。

僧人起身，坐到一个僻静之处，失声痛哭。这最后一次机会，他终究还是错过了。

"这下，我再也见不到您了。"他大声说道。

"你不用苦苦追寻，"一个声音从他身后传来，"因为你已经找到了我。"

僧人转过身，看到鹿浑身放光，现出佛陀的模样。

"今晚，你要是赶去城里，任由我死在这儿，就真的会和我错过。不必再担心我的死亡：只要有你这样的人经年累月地追随我的脚步，为了他人的需求，牺牲自己的欲望，佛陀就永远不会死。这便是佛之真谛。佛在你心中。"

"我好像明白了。定下崇高的目标，不仅能激励人高飞，也能让勉强前行之人找到坚持的理由。"

"没错，德米安，正是如此。"

一意孤行的樵夫

"矮胖子，虽然不知道哪儿出了问题，但大学生活就是让我很不开心。"

"什么意思?

"今年年初起，我的成绩就一直在'缓慢却稳定'地下降。我通常都能得 B 和 B$^+$，有时 A$^-$，但最近的大多数考试，都没有比 C 更好的成绩。不知道为什么，我就是考不好，无法集中精神，也毫无动力。"

"好啦，德米安，都快到年底了。或许，你需要放放假。"

"我也计划放个假，但还有两个月。在此之前可不行。我不能就这样停下来去休假。"

"有时，我觉得文明似乎已经把所有人逼疯。我们从半夜睡到早晨八点，十二点到一点吃午饭，七点到八点吃晚饭。我们在闹钟而非自然本性的驱使下做所有事。在我看来，有些事的确很有必要遵循一定程度的秩序；但另一些事，遵循任何事先制定的秩序，都毫无意义。"

"无论你说什么，我现在都不能休假。"

"可你又在跟我说继续学下去，你的成绩越来越差。"

"肯定有别的办法！"

从前，一个樵夫到木材厂找活干。这里的工资不错，工作条件也更好。于是，樵夫很想给工头留个好印象。

第一天，他向工头做了自我介绍。工头给了他一把斧头，派他去森林某处伐木。

樵夫兴奋地去了，一天就砍下十八棵树。

"很好，"工头对他说，"继续保持。"

樵夫深受鼓舞，决定第二天干得更好，于是当晚早早上床睡觉。

第二天清晨，他比所有人都起得早，径直进了森林。虽然使出全身力气，他还是只砍下十五棵树。"我一定是累了。"他想。于是，太阳一下山，他便决定上床睡觉。

他黎明起床，决心打破自己创下的"十八棵树"纪录。然而，一天下来，他甚至连半数都没达到。

之后的那天，他只砍了七棵树，接着是五棵……最后一天，他花了整整一下午时间，拼命对着这一天的第二棵树又劈又砍。

到了工头面前，樵夫忐忑地讲述了这几天发生的事，并赌咒发誓地说自己一直都在拼命干活。

工头问:"你最后一次磨斧头,是什么时候?"

"磨斧头?"樵夫问,"我一直忙着砍树,根本没时间磨斧头啊。"

"德米安,若后继乏力,一开始就费那么大力气有何意义?如果勉强自己去做事,又不留出足够的恢复时间,可没办法给出上佳表现。

"休息一下,换个工作,做点儿别的事⋯⋯常常就是我们'打磨斧头'的方式。但强迫自己继续做事,不过是用'一意孤行'来弥补'无能'的徒劳之举。"

母鸡与小鸭

我已经跟父母吵了很久。他们真是一点儿都不理解我。

我从来没想到过会和父母走到互不理解的程度。对于我爸爸，更是如此。

我一直觉得爸爸是个很了不起的人，哪怕这时候，我也依然这么认为。但他似乎觉得我是个傻瓜。我做的每件事不是错的，就是愚蠢、危险或不够好的。我若试图向他解释什么，情况只会更糟。我俩真是找不到任何能达成一致的事。

"我还是不愿相信，爸爸已经变成一个十足的傻瓜。"

"他真傻了？我很怀疑。"

"但矮胖子，我向你保证，他表现得就像个傻瓜。我爸就爱抓着那些简单又过时的念头不放，他还没老到无法理解年轻人的地步啊！真是太奇怪了。"

"我给你讲个故事？"

"讲吧。"

从前，一只母鸭下了四个蛋。可它孵蛋时，一只狐狸袭击鸭巢，把母鸭吃了。但奇怪的是，狐狸还没吃掉鸭蛋就逃跑了。于是，四个鸭蛋被遗弃在巢里。

一只要抱窝的母鸡恰好从旁经过，发现了这个被遗弃的窝。于是，母鸡本能地坐到了蛋上，开始孵蛋。

不久后，小鸭子们出生了。不出所料，它们都把母鸡误认为妈妈，排成一列，跌跌撞撞地跟着它走。

这些小生命让母鸡很高兴。于是，它把小鸭子们带回了农场。

每天早晨，公鸡打过鸣后，母鸡就开始刨土。小鸭子们也努力学着它的样子刨土。小鸭子们无论怎么努力，都没法从土里刨出一条可怜的小虫，母鸡就把一条虫子分成几份，喂给它们吃。

一个晴朗的日子里，母鸡带孩子们去农场外散步。起初，小家伙们都规规矩矩地排成一列，跟在它身后。可走到湖边后，小鸭子突然一头扎进湖里，仿佛那是件再自然不过的事。母鸡绝望地咯咯大叫，哀求它们赶紧上岸。

小鸭子们快活地游来游去，溅起片片水花。它们的"母亲"则急得上蹿下跳，泪流不止，生怕它们淹死。

听到母鸡的叫声，公鸡赶过来一探究竟。

"就是不能相信那些小家伙，"公鸡武断地说，"年轻人太鲁莽。"

这时，一只小鸭子听到公鸡的话，游到岸边，道：

"别因为你们自己能力有限，就来责怪我们。"

"德米安，别觉得母鸡错了，也别苛责公鸡，更别觉得小鸭子们傲慢不逊。它们都没错，只是看待现实的角度不同罢了。

"人们似乎总会犯这样一个错误：坚信自己所处的位置，就是唯一能看到真相的位置。

"聋子总认为，随着音乐起舞的人，都疯了。"

可怜的羊

我忍不住一直在思考父母和子女之间的关系。矮胖子说得对！每代人都从自己的独特视角看问题。我们和父母，就像他们跟我们的祖父母一样，因为无法对现实达成一致的看法而相互对峙。

"我已经跟爸妈谈过了。"

"噢，是吗？"

"嗯。我跟他们讲了那个母鸡的故事。"

"然后呢？"

"起初，他们的反应跟我料想的一样。我妈说看不出这个故事和现实有何关系，我爸不以为然。但我们都默默坐了一会儿后，终于没那么大分歧了。"

"所以，你终究还是接受了'有分歧'这个事实。"

"嗯，的确如你所说。我们内心已经赞同时，表示'同意'很容易。但我们并不赞同某事时，就很难表示'接受'。然而，第二种情况并不鲜见。"

"说得很好。"

"尽管如此,我爸最后还是明确表示:就凭他的年纪和经验,也该优先考虑他的意见。而且,面对外界的一些危险时,离了他们,我根本无法应付。"

"你怎么看?"

"我认为这话不对。我觉得,我几乎可以应付所有事。"

"几乎所有事?那剩下的那些是什么?"

"呃,就是我应付不了的事。"

"那你爸就没说错。外界有些危险,你仍需要他们的帮忙,才能应付。"

"呃,好吧,我想是的。"

"这种说法会让你处于劣势,是吗?"

"的确如此,这就是事实。"

"没错!现在,你需要弄清一点:事实是否真的如此。"

"怎么弄清?"

"听我讲个故事……"

从前,有一户牧民。全家人把所有羊都养在一个农场里。他们喂羊、照顾羊,放它们去草地上吃草。

羊却时不时就试图逃跑。

这时,年纪最大的牧羊人便会上前训斥:"你们这些羊啊,真是太傲慢、太不负责任。不知道山谷里充满危险吗?只有待在这儿,你们才有水喝、有东西吃。最重要的是，只有待在这儿，才能保护你们不受狼群的伤害。"

总的来说，这些话足以压制羊群对自由的渴望。

然而，一天，一只与众不同的羊诞生了。我们就管它叫"黑羊[1]"吧。它反叛不羁，不断鼓动同胞为了到大草原上自由生活而逃跑。

老牧羊人来得越来越勤，不断告诫羊群外界非常危险。然而，羊群还是不安分。每次把它们放出去，要再赶回来都越来越难。

终于，一天晚上，黑羊说服羊群，所有羊都跑了。

直到黎明时分，这户牧民看到坏掉的畜栏空空如也，才知道羊都跑了。

他们走到家族首领跟前，向他悲叹惋惜。

"它们跑了！全跑了！"

"可怜的小羊啊！"

"它们会渴的！还会饿！"

"碰到狼怎么办？"

"没了我们，它们会变成什么样啊？"

年长的首领咳嗽了一声，又吸了口烟斗，说："是啊，没了我们，它们会变成什么样？更糟的是……没了它们，我们会变成什么样？"

---

1 该词在西班牙语中也有"害群之马"之意。

怀孕的锅

"你跟你爸妈的关系怎么样了？"

"时好时坏，"我说，"有时，我们似乎相处得不错，很能设身处地、换位思考。但另一些时候，我们就是完全无法沟通，一点儿办法都没有。"

"唉，德米安，我想，你和你认识的每个人之间，往后余生都还会遇到这种事。"

"但不知怎的，要面对的若是父母，情况就不一样了。我的意思是说，他们终究是父母啊！"

"没错，他们终究是父母。但你说'情况就不一样了'，具体指什么？"

"因为是父母，所以他们拥有某种权力。"

"什么权力？"

"支配我的权力。"

"德米安，你已经成年。因此，没有人能拥有支配你的权力。没有人。或者说，除非你自己赋予，否则没人能拥有支配你的权力。"

"我没有赋予他们任何权力。"

"在我看来，你有。"

"呃，但那是他们的房子。他们养育我，给我买衣服，还承担了我的部分学费。妈妈替我洗衣服、铺床……诸如此类的事，给了他们支配我的权力。"

"你难道没工作吗？"

"当然有。"

"那怎么回事？我能理解你为何还跟他们同住，因为你租不起公寓。但至于其他所有事，我觉得你若真想独立，很多事你都可以自己做。"

"你在说什么呀？瞧，你现在觉得我一无是处，跟我妈一样，对吧？仿佛全世界最重要的事就是'学会如何铺床'！"

"这显然不是全世界最重要的事，但是你自己说要自由和独立的呀。"

"我想要的自由和独立，不是自己做饭、铺床、洗衣服。我想要的独立，是做事之前不必征求同意，是想讨论什么，就讨论什么，不想讨论什么，就可以不必开口。"

"嗯，德米安，那两种自由或许互相依存，谁也离不了谁。"

"我并不想从此不见爸妈。"

"嗯，当然。但你想获得一些权力，却拒绝承担随之而来的责任。"

"但我不能选择哪方面的独立要先争取，哪方面的可以暂时缓一缓吗？"

"讲个故事吧，看看它是否能帮你想明白。"

　　一天，一个人向邻居借一口锅。锅的主人虽然不是太慷慨，却不好意思不借。

　　十天后，锅依旧没还回来。于是，主人借口要用锅，去找邻居讨还。

　　"真巧，我正要去你家还锅。那场生产真是不容易哪！"

　　"生产？你在说什么呀？"

　　"锅的生产啊。"

　　"什么？"

　　"噢，你不知道？你的锅怀孕了。"

　　"怀孕了？"

　　"是啊，当天晚上，它就成了家。所以，它才需要休息几天。但现在，它已经完全恢复过来啦。"

　　"休息？"

　　"没错。请稍等。"

　　走进邻居家后，那人拿出一个小壶和一口煎锅。

　　"这不是我的。我只要锅。"

　　"噢，这些就是你的呀。它们都是你那口锅的孩子。如果那口锅是你的，那它的孩子们当然也是。"

男人觉得邻居可能疯了，但仍暗自思忖："我最好还是顺着他的意吧。"

"好吧，谢谢！"

"不客气。再见。"

"再见。"

于是，男人拿着小壶、煎锅和自己那口锅，回家了。

那天下午，邻居又敲响了他家的门。

"老兄，能借给我一把螺丝刀和一把钳子吗？"

此时，男人甚至比上次更乐意。

"嗯，当然可以。"

他进屋拿出一把螺丝刀和一把钳子。

一周后，他正要上门讨要时，邻居来敲门了。

"天哪，老兄，你知道出什么事了吗？"

"出什么事了？"

"那把螺丝刀和那把钳子是一对！"

"不是吧！"男人瞪大眼睛，"我怎么不知道？"

"听着，都是我的错。我让它们单独待了一会儿，结果钳子就怀孕了。"

"钳子吗？"

"嗯。我把它们的孩子给你带来了。"

他打开一个小篮子，拿出一些螺丝钉、螺栓和钉子，说这些都是钳子生的。

"他真是疯了。"男人想。不过，螺丝钉和钉子总能派上用场。

两天后，纠缠不休的邻居又上门了。

"我来还钳子那天，"他说，"瞧见你桌上有个非常漂亮的金瓮。你能好心地将它借给我一晚吗？"

金瓮主人的眼神闪烁了几下。

"这个嘛……当然可以！"他慷慨地说，进屋拿出金瓮，借给了邻居。

"谢谢你，老兄。"

"再见。"

"再见。"

一个晚上过去了，又一个晚上过去了。男人一直不敢去敲邻居的门讨要金瓮。但一周过去了，他再也按捺不住心中的焦急，上门要邻居归还金瓮。

"金瓮？"邻居问，"天哪，你难道没听说？"

"听说什么？"

"它难产死啦。"

"什么叫它难产死了？"

"没错，我想，它恐怕是怀孕了。分娩时，它就难产死了。"

"听着，你觉得我是傻瓜吗？金瓮怎么能怀孕？"

"听着，老兄。你觉得锅能怀孕，也接受螺丝刀和钳子结婚生子，怎么现在就接受不了金瓮也能怀孕，并难产而死呢？”

"德米安，你可以按你的意愿来选择，但不能只选择最容易、最便利的'独立'，却拒绝需要为之付出努力的'独立'。

"判断力、自由、独立和越来越强的责任感，都是个人成长的一部分。是当成年人，还是做小孩儿，由你决定。"

爱的模样

"我真觉得爸妈老了,能力不比当年。"

"我觉得,这只是因为你看待他们的角度变了。"

"角度变了有什么关系?就像你说的,'该是怎样,就是怎样'。"

"给你讲个故事吧。"

国王爱上了出身低贱的萨布丽娜,让她成了自己的王后。

一天下午,国王外出狩猎时,萨布丽娜得知母亲病了。虽然任何人都不能用国王的私人马车,萨布丽娜还是不顾禁令,上车赶往母亲身边。

她回来时,国王已经得知此事。

"这不是很了不起吗?"他问,"这是真正的孝顺哪。为了照料母亲,不惜冒死违抗禁令,多了不起呀!"

又有一天,萨布丽娜正坐在王宫花园吃水果,国王来了。萨布丽娜跟他打了招呼，拿出篮子里的最后一个桃子，自己咬了一口。

"这桃子看起来真不错！"国王说。

"是呀。"萨布丽娜应道，伸出手，将那个咬过的桃子给了他。

"噢，她多爱我呀！"国王说道，"她放弃了自己的快乐，把篮里最后一个桃子给了我。真了不起，不是吗？"

几年过去，不知为何，国王心中的爱和热情渐渐消散了。

他坐到最亲密的朋友身旁，说："她的举止从来不像个真正的王后，违抗命令，擅用我的马车！更过分的是：我记得有一次，她竟把咬过的水果给我。"

"事实从未改变。该是怎样，就是怎样。跟这个故事一样，人既能以一种方式解读某事，也能给出完全相反的解读。

"智者鲍德温[1]曾经提醒过：'对于自己的观察，一定要谨慎小心哪！'"

如果所见皆合意，就该心存质疑。

1　鲍德温：此处指鲍德温四世（1161-1185），耶路撒冷王国国王，13岁即位，24岁去世。以杰出的军事才能著称。

翁布树的嫩枝

我一进门，豪尔赫就说："我要给你讲个故事。"

"什么故事？讲了有何用？"

"我也不知有何用，但就是觉得你没准能用上。"

"好吧。"我相信他。

从前，有个很小的城镇。

镇子太小，小到全国最大的地图上都找不到它。

镇子太小，小到全镇只有一个小广场。而整座广场上，只有一棵树。

不过，人们爱他们的小镇，爱他们的广场，也爱那棵树。那是一棵翁布树[1]，就长在广场中央，是全镇居民日常生活的中心。每天傍晚七点左右，下班后的男男女女都会聚到广场上。他们洗完澡，梳好头发，打扮得漂

---

1 翁布树：产自南美，树干异常庞大，树叶是深绿色，形态像月桂。

漂亮亮的，围着大树散步。

多年来，无数年轻人、他们的父母、祖辈每天都在翁布树下见面。

一年又一年，人们在树下谈妥重要的生意，拍板与小镇有关的各项决定，在树下约定终身，也哀悼逝者。

一天，发生了一件奇异的事：大树的一条侧根上，不知从哪儿冒出了一根小小的绿枝，枝条上还有两片指向太阳的小叶子。

这是一根嫩枝。多年来，人们还是头一回看到这棵翁布树抽出嫩枝。

最初的兴奋后，人们立刻成立了委员会，打算筹办宴会，庆祝这一幸事。

组织者惊讶地发现，不是每个人都参加了这场宴会。有些人说，抽枝或许会带来麻烦。

无论如何，第一根嫩枝出现后没几天，第二根嫩枝伸了出来。不到一个月，翁布树灰色的树根便抽出二十几根绿色小嫩枝。

有些人欣喜，有些人冷漠。但无论哪种情绪，都没能持续太久。

广场警卫发现，老翁布树出了些状况。它的叶子比从前更黄、更脆弱，很容易便掉了下来。曾经结实柔软的树皮也变得干枯易碎。警卫断言道："翁布树病了。"

它也可能会死。

当天晚上，镇民在日常散步时为此事吵了起来。有些人说这都是嫩枝的错，理由是：嫩枝出现前，一切都很好。

主张保护嫩枝的人却说：一码归一码。即使发生什么事，只要有嫩枝，也能保证翁布树生命的延续。

立场一旦表明，立刻形成了两个派系。一方强调翁布树已年迈，应该保护它；另一方则更看重刚刚抽条的嫩枝。

不知为何，双方吵得越来越凶，对抗也愈演愈烈。夜幕降临时，双方同意暂时放下这个话题，留到第二天的邻里大会再接着讨论。这样，大家或许才能冷静下来。

然而，他们根本无法冷静。第二天，主张保护翁布树的人开始宣称：只有让一切恢复原样，才能解决问题。嫩枝夺走了老翁布树的力量，就跟树上的寄生虫一样。因此，必须毁掉所有嫩枝。

主张保护嫩枝、自称"生命捍卫者"的一方闻言无比震惊，也开了一场会，商量解决之法。他们认为，既然老树行将就木，便该砍掉。老树的所作所为，不过是在夺走新生嫩枝需要的阳光和水分。而且，老树无论如何都活不了多久了，再继续保护下去毫无意义。

分歧变成争吵，争吵又演变成争斗。众人大吼大叫，彼此破口大骂、拳打脚踢。最后，还是警察制止了这场骚乱，将每个人送回各自的家。

当天晚上，老树守护者们聚头，一致同意此时已到绝境，愚蠢的对手们根本听不进任何道理。因此，他们必须采取行动了。于是，众人扛起整枝剪刀、鹤嘴锄和铁锹，决定发动攻击。一旦毁掉嫩枝，必不会再有任何纷争。

他们兴冲冲地来到广场。

走近老树后，他们看到一群人正在翁布树下堆放木柴。原来，"生命捍卫者"们打算烧掉这棵老树。

双方顿时陷入新一轮纷争。但这次，他们满心仇恨、怨愤和破坏之欲。

争斗中，几根嫩枝被踩坏。

老翁布树的树干和枝叶也受伤严重。

当天晚上，双方各有二十多人因不同程度的伤住进医院。

第二天一早，广场上一改往日情景。老树守护者们在大树周围立起一圈栅栏，并派出四名全副武装的哨兵日夜看守。

生命捍卫者们则挖出一条深沟，并用带倒刺的铁丝网将幸存的嫩枝都围了起来，希望以此抵御任何攻击。

对其他小镇居民来说，往日的生活也再难维系：

为了给己方争得更多支持，对立双方不停地强迫居民站队。支持保护老树的人，就是生命捍卫者们的敌人；而支持保护嫩枝的人，自然也对老树保护者恨之入骨。

终于，双方一致同意：应该由镇上的治安法官来做最终裁决。当时，出任这一职位的正是小教堂的城镇牧师。他将在下周日给出定论。

周日那天，争斗双方被绳子隔开，只能通过言语互相攻击。喧声震天，其实谁的话都听不见。

突然，门开了。年老的牧师在双方的注视下，拄着拐杖沿走廊而来。

这位老者肯定已经快一百岁了。他年轻时建起小镇，规划街道，分配土地，当然，他也种下了这棵树。

所有人都敬重老者。他的话依旧充满智慧。

老者拒绝他人帮助，费力地爬上讲台，开始向众人讲话。

"蠢货！"他说，"你们自称'翁布树守护者'和'生命捍卫者'。你们说，什么叫守护？你们根本无法守护任何东西，因为你们的所作所为，不过是在伤害异己。

"你们看不到自己的错误。你们双方都大错特错。

"翁布树不是一块石头。它是生命，遵循生命循环法则。循环的一部分，就是赋予后来者生命。这一过程便包括培育嫩枝，让它们长成新的翁布树。

"但你们这些蠢货，嫩枝也不仅仅是嫩枝。如果老翁布树死了，它们也活不了。而若不能孕育新生命，翁布树活着也没有意义。

"生命捍卫者们，赶紧做好准备，训练自己、武装自己！很快，你们就该去烧掉父母的房子了。同时，也把屋里的父母烧死！因为他们很快就会变老，开始变得碍事。

"翁布树守卫者们，也做好准备吧！对着嫩枝好好练习。你们必须做好准备，当你们的孩子试图取代或超越你们时，便立马将其践踏毁灭。

"你们这些只想着破坏的人，竟还自称'守护者'！你们难道不明白：你们的毁灭之举，也将毁掉自己想守护的一切。反省吧！你们的时间已经不多了……"

说完这些，他便走下了讲台，朝门外走去。所有人都沉默地站在原地。而老者已经离开了。

豪尔赫不再说话。而我忍不住哭了起来。

然后，我起身默默离开。

虽然精疲力尽，我脑中却很清楚：还有太多事，等着我去做！

迷宫

豪尔赫写了一个故事。可能是因为我要求的，也可能是因为他自己想写，或二者皆有，总之，他将这个故事分享给了我。

曾经，有个很喜欢解谜的人，叫作乔罗什卡。从小他便挑战自我，努力猜谜语，完成填字游戏，走迷宫，破解密码和各种智力题。

他的大部分时间和脑力都用来解决别人出的各种难题。不用说，他战胜了不少难题，自然也遇到过很多复杂得他也解不开的谜题。

每次遇到此类难题，乔罗什卡的处理方式都一样。他会如进行某种仪式般，久久地看着那道谜题，接着仿佛顿悟，立刻决定它是否属于那些自己根本无法解决的问题。

如果确定如此，乔罗什卡会先深吸一口气，接着依旧努力破解。

此时，他便会陷入极其沮丧的境地。因为，所有例行分析都会变成执念。他要应对的是无法解决的问题、复杂深奥的密码、全然陌生的词汇和不可预测的假设。

长久以来，乔罗什卡一直明白他需要成功。也许正因如此，这些谜题开始让他觉得有些无趣。

不管怎样，短暂尝试后，他就会开始觉得无聊至极，于是放弃解谜，并在心中暗自批评：到底是哪个傻瓜，竟出了个连他都解不开的谜？

毫无疑问，那些太容易解开的谜题也令他厌烦。于是，他得出结论：每个"解谜者"肯定都有个为他"量身定制"的谜题。但也只有解谜者自己，才知道这道"量身定制"的谜题到底应该有多难才合适。

他觉得，理想情况应该是：由每个人创造出专属于他自己的谜题。这样的谜题才最切合其本身的能力。但随即，他又意识到这样的谜题毫无吸引力。既为发明者，自然知道如何将其解开，或许甚至还未编写完，便已经知道如何破解了吧。

为了自娱自乐，也为了帮助跟他一样喜欢解谜的人，他开始编写谜语、文字游戏、数字游戏、逻辑题和各种涉及抽象思维的难题。

但他最杰出的作品，是一座迷宫。

一个晴朗而宁静的日子里，他开始在自己那所大房子的一间卧室里，一块砖一块砖地砌墙，以建起一座真实的迷宫。

一年又一年，他把自己编写的谜语分享给朋友们，也将它们刊登在专业杂志和报纸上。然而，迷宫却一直未完工，只是在他的房子里越建越大、越建越大。

乔罗什卡把迷宫建得越来越复杂，几乎在不知不觉间，往其中加了一条又一条死胡同。

建迷宫成了他生活中最重要的事。每一天，乔罗什卡不是在砌砖，就是在堵上一个出口，或延伸一条出路，好让迷宫变得更难走。

大约二十年后，那个用来建造迷宫的卧室再也没有多余的空间了。于是，迷宫自然开始向屋子的其他地方扩张。

要想从卧室到浴室，必须先往前走八步，然后左转，再走六步后右转。接着下三级台阶，往前五步，再次右转，跳过一个障碍物，随后打开一扇门。

要到外面阳台，必须靠在左边墙上绕行几码远，然后顺着一架绳梯，爬上另一层。

就这样，他的房子也渐渐变成一座巨大而真实的迷宫。

起初，这一切让他非常满意。在那些走廊中穿行让他觉得很有趣。因为到了这时候，哪怕是他自己，也不可能记住所有路，所以有时他也会走进死胡同。

这便是为他"量身定制"的迷宫。

名副其实的"量身定制"。

从那时候起，乔罗什卡开始邀请朋友们到他的房子（也是他的迷宫）做客。但就连那些对此表现出最大兴趣的人，最后也跟他对待其他谜题一样，生出了厌烦之意。

乔罗什卡主动邀请客人参观自己的家。但片刻后，客人们总会告辞离去。几乎每个人都说出了同样的话："人哪能这么生活！"

最后，乔罗什卡再也受不了永无止境的孤独，搬进一所没有迷宫的房子。在新家，他终于可以毫无困难地招待客人。

不过，他若认为谁头脑清醒，还是会把那人带去他"真正的"家。

《小王子》里那位画出"吞象之蛇"的飞行员，给一部分人看画的外部图，又会给另一部分人看内部剖面图。跟他一样，乔罗什卡的迷宫，也只展示给那些他认为值得获此殊荣的人。

……乔罗什卡始终没有遇到一个人，愿意跟他在迷宫里生活。

九九圈

"为什么呀，矮胖子？为什么我就是没法平静下来？"

"什么？"

"我说真的，事实就是如此。没错，我和加布里埃拉的关系还不错，比以往任何时候都好，但依然不如我意。但是，我不知道哪儿出了问题。我们之间缺乏激情，或者说缺乏火花、乐趣或别的什么东西。学校的情况也差不多，我去上学、用功学习、接受并通过所有考试，但感觉还是不圆满。我不满意。哪怕知道所学皆如我所愿，我依然感受不到任何快乐。工作上也是一样的情况。一切顺利，薪水不错，但那些都不是我想得到的东西。"

"一切皆如此吗？"

"看起来是的。我永远无法坐下来说一句：'嗯，很好，现在一切都棒极了。'兄弟、朋友、金钱、自己的健康……我在乎的一切，都是如此。"

"几周前，你为家里的事那般沮丧时，也觉得一切皆如此吗？"

"我想是的。但当时有更重要的事让我忧心，所以我没想别的。而我此刻的这种烦恼，在某种意义上几乎算得上'奢侈'。"

"所以，你是在说：大问题解决后，你那些小忧虑、小烦恼就开始浮现出来了。"

"当然。"

"所以，你也是在说：没问题时，你就自己创造出一个问题。"

"什么？"

"肯定是这样。当其他一切都有所改善时。"

"呃，我想是吧……"

"所以，告诉我，德米安。承认'其他一切都开始好转时，自己反而会有新问题'，是何感觉？"

"我觉得自己像个傻瓜。"

"该是怎样，就是怎样。"矮胖子说，"我很久没跟你讲过国王的故事了吧？"

"嗯。"

"从前，有个国王。或许，我们可以称他为'经典国王'。"

"什么叫经典国王？"

"故事里的经典国王，就是非常强大的国王。他拥有巨额财富和美丽的宫殿，可尽享精致佳肴和如花美眷，想要什么就有什么。尽管如此，他依旧不快乐。"

"啊……"

"而且，故事里的国王越经典，就越不快乐。"

"那这个国王到底有多'经典'？"

"非常经典。"

"可怜的家伙。"

　　从前，有个很忧伤的国王。但跟其他每个忧伤的国王一样，他也有个非常开心的仆人。

　　每天早晨，仆人都会叫醒国王，为他端来早餐，哼唱吟游诗人们写的欢快歌曲。仆人轻松随和的脸上挂着灿烂的笑容，他对生活的态度也总是从容快乐。

　　一天，国王把他叫到跟前。

　　"小伙子，"国王说，"你的秘诀是什么？"

　　"陛下，您指的是什么秘诀？"

　　"你为何如此快乐，秘诀是什么？"

　　"陛下，没有秘诀。"

　　"小伙子，别对我撒谎。有人曾犯下比撒谎更轻的罪，都被我砍了脑袋。"

　　"陛下，我没撒谎。真的没有秘诀。"

　　"那你为何总是这么舒心快活？嗯？为什么？"

　　"陛下，我没有悲伤的理由。尊贵的您允许我在旁伺候；我有一个妻子和几个孩子，王室为我们提供住所，供我们一家人吃穿；更重要的是，陛下您时不时就赏赐我一些钱币，让我们有了能偶尔吃顿大餐的可能。如此种种，我怎能不开心？"

"你若不立刻说出秘诀，我就砍了你的脑袋。"国王说，"没人能因为你说的这些原因而如此高兴。"

"但陛下，真的没有秘诀。虽然我最想做的事就是取悦您，但我真的没有丝毫隐瞒。"

"滚，赶紧滚，别等我把刽子手叫来！"

仆人微笑着鞠了一躬，退出大殿。

国王非常生气。他不明白靠别人给的钱生活，吃穿还都是廷臣们剩下的，仆人为何还能如此快活。

冷静下来后，国王召来最睿智的顾问，把自己这天早晨跟仆人的对话告诉了他。

"那人为何能如此快乐？"

"噢，陛下，因为他是圈外人呀。这就是原因。"

"圈外人？"

"没错。"

"他因此而快乐？"

"是的，陛下。只要身处圈外，他就不会不快乐。"

"我来瞧瞧我是否懂了。这么说，身处圈内，就会让人不快乐？"

"没错。"

"他不在圈内。"

"对。"

"他如何到圈外的？"

"他从未入过圈。"

"这是什么圈？"

"九九圈。"

"我是真听不懂了。"

"只有我演示给您看，您才会懂。"

"如何演示？"

"让你的侍从入圈。"

"好，那我们强迫他入圈。"

"不，陛下。没人能强迫任何人入圈。"

"那我们只能哄骗了。"

"陛下，也不必如此。只要给他机会，他自然会乖乖迈步走进来。"

"但他察觉不到自己会因此变成一个不快乐的人吗？"

"嗯，他会察觉到的。"

"那样的话，他就不会进来。"

"他忍不住。"

"你是说，哪怕察觉到进入这个荒谬的圈子会给自己带来不快，他还是会进来，并且再也无法出去？"

"是的，陛下。您愿意失去一个优秀的仆人，以弄清这个圈子的运行方式吗？"

"愿意。"

"很好。那我今晚来找您。请您务必用皮钱袋装上九十九枚金币。一枚不多，一枚不少。"

"还要什么别的吗？需要叫几个护卫以防万一吗？"

"不用，只需带上皮钱袋。晚上见，陛下。"

"晚上见。"

就这样，当天晚上，智者来找国王。两人悄悄出了王宫，躲在侍从家旁，一直等到黄昏。

屋里，第一根蜡烛燃了起来。智者往皮钱袋上绑了张字条。字条上写着：

<blockquote>

这袋钱是你的。

你是个好人，

这是给你的奖赏。

好好享用吧。

别告诉任何人它从何而来。

</blockquote>

然后，智者把钱袋绑到仆人的前门上，敲了敲门，接着又飞快地藏了起来。

仆人出来时，智者和国王躲在附近的灌木丛里，观察着一切。

仆人看到钱袋，读了字条，接着晃了晃袋子。听到里面传来的金属碰撞声，他身子一抖，将那宝贝紧紧按在胸口。瞥了眼四周，确定没人瞧见自己，他才返身进屋。

外面的两人听见仆人插上了门闩，于是偷偷溜到窗边，朝里张望。

仆人把桌上的所有东西都扫到地上，只留下蜡烛。他坐下来，倒出钱袋里的东西，简直不敢相信自己的眼睛。

一大堆金币！

之前，他连一枚金币都没摸过，此刻却有了一大堆。

仆人摸了又摸，然后把它们堆起来。他轻轻抚摸着金币，让蜡烛的光照在上面。他把它们聚拢又分开，接着分成一个个小堆。

如此把玩了一遍又一遍后，他开始十枚一堆地叠金币。一堆十枚、第二堆十枚、第三堆、第四堆、第五堆、第六堆……他边叠边数：十、二十、三十、四十、五十、六十……终于，他叠到最后一堆。只有九枚金币！

起初，他看向桌子周围，想再找出一枚金币。接着，他又看向地面，最后瞅了瞅钱袋里面。

"不可能。"他想。他把最后一堆金币推到其他金币旁，看到它的确矮了一截。

"有人偷了我的金币！"他嚷道，"我的金币被偷了！浑蛋！"

他又找了一遍：桌子、地板、钱袋、他自己的衣服褶皱、衣兜、家具下……但还是找不到他想要的东西。

桌上，那堆矮一些的金币闪闪发光，仿佛在嘲笑他，也提醒着他只有九十九枚金币。只有九十九枚。

"九十九枚金币。也是一大笔钱了。"他想，"但我丢了一枚。九十九不是整数。"他继续琢磨，"一百才是整数，九十九不是。"

国王和顾问一直在窗外看着。仆人的脸色变了。他皱起眉，绷起脸，眯着眼睛，目光锐利。他的嘴唇勾起，扯出一抹可怕的冷笑，牙齿都露出来了。

仆人把所有金币装回钱袋，四处张望了一番。确定没人看见自己，才把钱袋藏进柴堆。然后，他拿出纸笔，坐下来计算。得存多久钱，才能换回第一百枚金币？

仆人开始自言自语。

他要努力工作，直到能换回一枚金币。然后，或许他就不用再工作了。

谁要有了一百枚金币，都不用再工作。

有了一百枚金币，就是富人了。

有了一百枚金币，一个人就能安然过活。

他算好了。如果努力工作，把工资和所有额外收入都存起来，他就可以在十二年后，攒够能换回一枚金币的钱。

"十二年可不短。"他想。

或许，他可以叫妻子去城里干一阵子活。更重要的是，他在王宫里的工作五点就结束了，所以他也能找份兼职，赚点儿外快。

他重新计算：有了第二份工作，再加上妻子的收入，或许七年内就能攒够钱。

也太长了！

或许，他可以把剩下的食物带进城里卖掉，换几个硬币。其实，如果他们少吃点儿，就能多卖点儿。

卖，卖，还能卖什么……

天气越来越热了。冬天的衣服还留着干吗？鞋子有一双就够了，剩下的可以卖了吧？

的确是一种牺牲。但若做出这般牺牲，四年就能攒够钱，凑齐一百枚金币。

国王和智者返回王宫。

仆人已经进入九九圈。

之后的数月里，仆人按那晚设想的计划行事。一天早晨，他走进国王寝殿，竟然一拳捶在门上，连声咕哝，脾气很不好。

"怎么啦？"国王温和地问道。

"没什么，没什么。"

"前不久，你不还一直又唱又笑的吗？"

"我已经做好了我的工作，不是吗？陛下，您还想要什么？让我当您的小丑或吟游诗人吗？"

那之后不久，国王便辞退了这个仆人。身边总有个坏脾气的仆人，真让人不痛快。

"今天，聊着聊着，我就想起了这个国王与仆人的故事。

"你、我和其他所有人，都在如此愚蠢的意识形态中长大。我们总是想要更多，并觉得只有得偿所愿，才能享受自己已经拥有的东西。

"因此，我们认为：只有得到缺失的那样东西，我们才能获得快乐。

"而我们总是缺了某样东西。这个念头循环往复，于是，谁都无法享受生活……"

然而，若一朝醒悟，会怎么样？

突然间，我们发现：

跟一百枚金币一样，

九十九枚金币也是实打实的宝贝。

我们并无任何缺失，

亦未被任何人拿走什么东西。

一百这个数字，

并不比九十九更圆满。

一切不过一场骗局：

就因眼前悬了根胡萝卜，

我们便像傻瓜一样拼命推车，

推得精疲力尽、暴躁又愤怒，

既不开心，又逆来顺受。

这场骗局让我们一直都在拉车，

于是，一切都无从改变，

永远无法改变！

如果我们能享受已经拥有的财富，

生活将变得多么不同！

"德米安，但我们也得当心。明白九十九也是财富，并不意味着必须放弃你的目标，也不代表你必须凑合着用掉已有之物。

"因为，接受是一回事，认命是另一回事。

"不过，那又是另外一个故事了。"

半人马

　　整整一周，我都在反复思考"九九圈"的故事。虽然弄明白了一些事，但如此一来，某些别的东西仿佛就再也想不通了。

　　再次赴约时，我依然没法确定自己的感觉，于是决定先按下不提。

　　治疗中，我一直在拐弯抹角、旁敲侧击。我们聊了天气、假期、车和女人。

　　眼看着时间快到了，我才对豪尔赫说我觉得自己没能好好利用这次治疗，将其白白浪费了。

　　"德米安，还记得那个从不磨斧头的樵夫吗？或许，一场轻松甚至草率的治疗，也是一种磨斧子的方式。"

　　"呃，要这么评价的话，我或许还不如不来。"

　　"没错，你当然可以干脆不来。无论对你还是对我来说，结果都一样。你完全可以做到这点。"

　　"你可真与众不同啊。"

　　"嗯，是啊。你也是。"

"嗯，但你显然更特别嘛！"

"好吧，我接受。那我们回到这个话题：你到底该不该来。我还在读医学院时，有位教产科学的教授非常友好，课后总会答疑半小时。"

"教授，最好的避孕方法是什么？"一天，一个学生问。

"小姐，最理想的节育方法应该经济、好用且绝对安全。"教授开口道。

"但真有万无一失的方法吗？"第三排一个金发碧眼的漂亮学生道。

"最可靠、经济、简便的方法，就是'冰水法'。"

"那是什么？"我们几人都想知道，包括那个最先提出问题的女生。

"想和伴侣做爱时，就喝两三杯冰水。一定要小口小口地喝。"

"事前喝，还是事后喝？"

"既非事前也非事后，"教授答道，"而是取而代之——喝了就别做了。"

"德米安，在你感觉自己'精神涣散'的日子里，也许去看场电影，或做点儿你很想做的事（比如约见一个朋友或睡几个小时），就是最好的治疗方法。正如我那位教授曾经所说：既非事前也非事后，要取而代之。只有感觉对了，治疗才有效果。"

"当然，但那意味着要做出选择。我想，从'必须做出选择'开始，事情就开始难办了。"

矮胖子一脸嫌弃地看着我，我都能猜到他接下来要说什么。

"不，豪尔赫，我没说宁愿放弃选择的自由，更不会放弃自由本身……"我抗议道。

"你的问题是：不愿正视'做决定'这事。"

"你说得对，我的确不愿。"

"然而，你现在应该明白：哪怕所有人类都属于同一物种，每个人的内在也是不同的。有些人比其他人发展得更好，有些人更正直，有些人更复杂；有些人有这样的需求，另一些人则有别的需求。"

"这恰恰说明：你永远无法真正决定某事。"我坚持道。

"做决定也有风险。"矮胖子舒舒服服地靠着一个靠垫。

我也拿过一个靠垫，舒舒服服地靠了上去，等着再听一个故事。

矮胖子继续道："我女儿五岁时，我和妻子非常勤快地弄来很多书，在睡前读给她和她弟弟听。那些儿童读物里，有个叫《半人马》的故事。我就讲那个故事吧。因为，今天我觉得那个故事就是为你而作的。"

从前，有位半人马。和其他半人马一样，他也是一半为人、一半为马。

一天下午，在草原上漫步时，他饿了。

"我该吃什么呢？"他想，"一个汉堡，还是一丛紫苜蓿？到底是吃一丛紫苜蓿，还是吃一个汉堡呢？"

因为怎么也无法下定决心，他始终饿着肚子。

夜幕降临，半人马困了。

"我该睡在哪儿呢？"他想，"马厩还是旅馆？到底是睡旅馆，还是睡马厩呢？"

因为怎么也无法下定决心，他便一直没睡。

不吃不睡之下，半人马病了。

"我该去哪儿看病？"他想，"找医生还是找兽医？到底是找兽医，还是找医生呢？"

因为怎么都想不明白该找谁，生病的半人马病得越来越重，最终一命呜呼。

镇民们来到他的遗体旁，悲痛万分。

"我们必须安葬他，"镇民们说，"但葬在哪儿呢？是镇公墓，还是乡野？到底该葬在乡野，还是镇公墓呢？"

因为众人怎么都无法下定决心，便找来了本书作者。而作者无法替他们做决定，就复活了半人马。

于是，这个故事循环往复、无休无止地不停上演。

给第欧根尼两枚硬币

"我们再回头聊聊九九圈那个话题吧。"

"你真的想聊？"

"我想，我已经明白那则国王和仆人的寓言。最糟糕的是，我居然很认同。也就是说，似乎每次没有大麻烦时，我就开始寻找生活中或许缺失的东西，觉得必须要将之弥补，一切才能变得完美。听到自己竟说出这样的话，感觉真糟糕，但我实在忍不住。"

"就我们生活的社会而言，你会这么想，完全是情理之中的事。"

"为什么？"

"因为正如埃里克·弗洛姆[1]所说，整个后工业时代都是建立在'拥有'，而非'存在'之上。为了说服自己相信这点，我们遵循着一个看似自然且无法逃避的'真理'长大。那个真理既是动力，

1　埃里克·弗洛姆（1900—1980）：德裔美籍心理学家，毕生致力于研究和推进弗洛伊德的精神分析学说，也提出不同于弗洛伊德的观点，著有《健全的社会》等，被尊称为"精神分析社会学"的奠基人之一。

也是陷阱。"

"什么真理？"

"若能得到我没有的东西，那该多开心哪！

"而我缺的不是车子、房子、一份好工作或一个伴侣。我缺的，是'没有的东西'，也就是说，我缺的是'不可能'。换句话讲：就算我设法得到某样'没有的东西'，它也无法让我开心起来。因为不管那东西是什么（车子、房子、女朋友……），一旦为我所有，它就不再是'没有的东西'。而根据那条真理，只有得到'没有的东西'，我才能获得快乐。"

"但如果这么推理，永远也讲不通啊！"

"是的，除非你能更改那条真理。"

"能改吗？"

"任何有启发性的指导方针或训令都能修改，继而获得认可或纠正。但必须为之付出的代价是：附加在那条既定规则上的价值观，或许会被推翻。而在找到能明确新现实的秩序前，我们都会感到困惑和迷惘。可新秩序一旦建立，我们得到的回报是：既能珍视已经拥有的东西，也能愉快地接受自我。"

据说，第欧根尼[1]衣衫褴褛地在雅典街头游荡，夜里就随意睡在某一家门口。

1　第欧根尼：古希腊哲学家，强调自足自然的生活，犬儒派因其得名。

一天早晨，第欧根尼还在一户人家的门前打瞌睡时，一个有钱的地主从他身旁经过。

"早上好。"地主说。

"早上好。"第欧根尼应道。

"我这周过得很不错，所以来给你送袋钱。"

第欧根尼默默看着他，一动不动。

"拿着吧。不是骗局。就是我的钱，而现在我要把它们给你，因为我知道你比我更需要它们。"

"你还有更多的吗？"第欧根尼问。

"当然，"地主回答，"还有很多。"

"那你还想拥有更多吗？"

"嗯，当然。"

"那把这些钱拿去吧，因为你比我更需要它们。"

有人说，那场对话是这样结束的：

"但你也需要吃饭。这些钱就给你吃饭吧。"

"我已经有一枚硬币，"第欧根尼把钱拿给他看，"够今天早晨买杯燕麦片，或许还能买几个橙子。"

"没错，但你明天也要吃饭。后天、大后天……每天都需要吃饭啊。明天的钱，从何而来？"

"你若能保证我肯定能活到明天，那你那些硬币，我或许能接受一枚……"

金币续集

不知怎的，我心里总想着之前那个故事里的金币。

我觉得，似乎就要发生一件非常重大、影响深远的事。

"是'一次顿悟'。"豪尔赫断言道。

"'顿悟'？"

"并非'大彻大悟'，而是'一次顿悟'。听你的解释，我觉得那感觉好比你躺在床上，看着窗外天光破晓。虽然察觉到黎明将至，是时候了，但你仍懒懒地躺在被子里，继续赖了会儿床。"

"没错，是这样，就是这种感觉。"

"呃，你可以放松。几乎每个人都能在某一时刻，或多或少地生出类似感觉。"

"说实话，我很高兴自己不是唯一有此感觉的人。要知道，人们都说'众人皆犯错，傻子亦释然'。"

"众人皆犯错，傻子亦释然？"

"你没听过这句话吗？众人皆犯错，傻子亦释然。"

"真稀奇。这是句老话了，但最初的版本可大不一样——百人皆犯错，万人皆释然。"

"真的吗？"

"真的。只有傲慢才会让我们诽谤他人。我们把和自己一样，需要有人陪伴而非独自咀嚼痛苦的人称为傻瓜。"

"呃，既然听到我并不一定是傻瓜，感觉当然会好一些。因为，这样的情况总会让我开始觉得自己像个傻瓜。"

"哪怕处在这种情况下，你也不应该觉得自己像个傻瓜。"矮胖子开玩笑地说。

"喂，够了！"

"好吧，打住。希望你明白，我并非真觉得你是傻瓜。其实，我甚至不觉得你很混沌。我只是觉得，你不愿接受这样一个事实：自己在某些方面的能力，比在其他方面强。你似乎没有意识到这是很正常的事。

"每个人的成长方式和成长速度都不同。你可以在某些方面大大超越旁人。这点完全合乎逻辑。

"因此，我才说这是'一次顿悟'。

"面对真理，我们会顿悟很多、很多次。

"或许，有些人的确能一下子大彻大悟。但我肯定不是那种人，也不认识那种人。呃，可能耶稣基督、佛陀或穆罕默德有此能力吧。"

"但我并不是耶稣基督、佛陀或……"

"不，我也不是，所以我们最好连试都不要试。免得没陷入追求金币的九九圈，却陷入了追求大彻大悟的九九圈。"

"那天，你用'九九圈'的故事把我弄得晕头转向，断言'接受是一回事，认命是另一回事'，还说'那是另外一个故事了'。现在，既然又提到这个话题，那你今天就给我讲讲'另外一个故事'，怎么样？"

"好主意！"

从前，一座小城的城郊有两座相邻的房子。其中一座住着个幸运又富有的农民，他身边有很多仆人，想要什么就有什么。

另一座房子是个简陋的棚屋，里头住着个生活十分朴素的小老头。大多数时候，小老头不是在祈祷，就是在地里干活。

老头和富农每天碰到都会聊上几句。富农聊他的钱，老头则说自己的信仰。

"信仰！"富农嘲讽道，"信仰真要有你说的那么管用，上帝真那么强大，你干吗不求他给你足够的钱，也好不再受现在这种苦呢？"

"你说得对。"老头转身进屋。

第二天，两人又相遇时，老头一脸幸福。

"怎么啦，老头？"

"没什么。听了你的建议，我祈祷上帝今天早晨送我一百枚金币。"

"噢，是吗，你真求了呀？"

"嗯。我告诉他既然我一直都是好人，也向来恪守教规，那他就欠我一份奖赏。我选择一百枚金币。你觉得，我这要求过分吗？"

"我怎么想无所谓，"富农嘲笑道，"只要上帝觉得不过分就行。或许，他认为你值得二十枚金币的奖赏，或者五十、八十、九十二……谁知道呢？"

"噢，不，上帝可以决定我是否值得奖励。但我所求为何，已经非常清楚。我想要一百枚金币，那就不会接受二十、三十或九十二枚。我要的是一百枚，所以亲爱的上帝肯定会满足我的要求。肯定会！他不会跟我讨价还价，我也不会跟他争论不休。我求的是一百枚金币，他也会给我一百枚。哪怕少一个，我都不会接受。"

"哈！你要求真高！"富农嚷道。

"正如他对我有要求，我也会对他有要求。"老头应道。

"如果上帝只给你二十或三十枚金币，我不认为你会因为它们加起来不足一百而拒绝。"

"我当然会拒绝。任何低于一百的数字，我都会拒绝。不过，上帝如果认为一百枚太少，想多给点儿，多出的那些我也会接受。"

"哈哈！你真是疯了。你以为我会相信你那些关于信仰和毅力的鬼话？哈哈哈！但愿你说话算话，哈哈哈！"

然后，他们便各自回屋了。

不知怎的，老头让富农觉得有些不安。真大胆哪！他怎么说得出少于一百枚不要的话？一定要揭穿他，今天就去！

于是，富农把九十九枚金币装进钱袋，朝邻居家走去。老头正跪着祈祷。

"亲爱的上帝，请满足我的愿望吧。我想，我有权得到那些金币。别忘了，我要的是一百枚，任何其他数字都不行。要整整一百枚……"

趁老头仍跪在地上，富农爬上屋顶，把那袋金币从烟囱口扔了进去。然后，他又爬下来，盯着老头。

听见烟道传来类似金属落地的声音，跪在地上的老头慢慢起身，到烟囱旁捡起钱袋，抖掉上面的烟灰。

然后，他走到桌旁，把袋子里的东西倒了出来。眼前出现一堆金币。老头连忙跪倒，感谢仁慈上帝送来的礼物。

做完祷告后，他开始数金币。九十九枚！九十九枚金币。

富农一直等着，准备证明自己的看法。只听老头提高声音，冲着天空说："亲爱的上帝：我看到您是真想满足我这个可怜老头的愿望，但我也看到，天堂的金库只有九十九枚金币。虽然您选择不让我因为一个金币继续等待，但正如我之前所说，哪怕少一个，我都不会接受……"

"真是个笨蛋。"富农想。

"但从另一方面来说，"老头继续道，"我绝对相信您。因此，仅此一次，我就把这事留给您来解决吧。您打算什么时候补上欠我的那枚金币，您说了算。"

"背信弃义的家伙！"富农大叫道，"虚伪小人！"

他边喊，边砰砰地敲老头的门。

"你这个虚伪小人！"富农骂道，"你说过只会接受一百枚金币，少一枚都不要。现在，你却准备像没事人一样把九十九枚金币装进口袋。骗子，你对上帝的信仰就是个谎言！"

"你怎么知道九十九枚金币的事？"老头问。

"因为那是我给的，就为了证明你是个骗子。什么'少于一百枚，我就不要'，哈哈哈！"

"是啊，我的确不会要。上帝认为时机成熟时，自然会把缺的那枚金币送来。"

"他才不会给你送来任何东西。我已经说过了，那些金币都是我给的，是我！"

"你就是上帝用来满足我愿望的工具。但我不打算就这点与你争辩什么。无论如何，这些钱是从我家烟囱掉下来的，所以就是我的。"

富农的笑容凝固了。他沉着脸说："什么叫那是你的？这个钱袋和里面的金币都是我的。是我把它们送来的。"

"上帝行事，凡人怎会明白！"老头回应道。

"该死，你和你的上帝都见鬼去吧！把我的钱还来，否则我定要拉你去见法官！无论是金币，还是你那点儿可怜的财产，你都保不住！"

"对我来说，上帝就是唯一的法官。但如果你指的是城里的治安法官，我没异议。可以将这件事交由他裁决。"

"很好，那我们走吧。"

"得等到我买得起一辆马车再去。我没车。像我这样的老头，可没法走进城里。"

"不必等，你可以坐我的马车。"

"感谢你的好意！多年来，你从未帮过我分毫。很好。不过，我们得等凛冬过去再说。外面太冷，我连件像样的外套都没有，一路冻过去会生病的。"

"你就是想拖。"富农愤怒地嚷道，"我把自己的毛皮大衣给你，这样总可以上路了吧。你还有什么借口？"

"既然如此，那我也不能再拒绝了。"

老头裹好毛皮大衣，爬上马车，出发朝城里而去。富农坐另一辆车，紧随其后。

一进城，富农就急匆匆地要求觐见法官。见到治安法官后，富农详细讲述了自己要揭露老头假信仰的事，不仅说了他如何将钱扔进烟道，还说了那老头拒绝归还。

　　"老头，你怎么说?"法官问道。

　　"法官大人，因为这样的事跟自己的邻居对簿公堂，真是令我非常吃惊。他是全城最富有的人，却从未关爱、怜悯过任何人。我想，我完全没必要为自己辩解什么。他这样的守财奴，竟会把将近一百枚金币放入钱袋，扔进邻居家的烟囱，这种事谁信哪? 很显然，这可怜的家伙肯定一直都在监视我，瞧见这些钱后，就在贪婪的驱使下，编造出这套说辞。"

　　"编造? 你这该死的老家伙!"富农大吼道，"你非常清楚，我说的句句属实。什么上帝送钱的鬼话，就连你也不信吧。把我的钱袋还来。"

　　"法官大人，很显然，这家伙疯了。"

　　"当然! 被抢了钱，我能不疯吗? 我命令你，赶紧把钱袋还来。"

　　法官目瞪口呆。听完双方的陈述，他必须做出裁决。但怎么做才是最公正的呢?

　　"把钱还来，你这诡计多端的老家伙，"富农说，"那钱是我的，都是我的。"

　　说着说着，富农突然跳起，想越过两人之间的木栏杆，抢走老头手中的钱袋。

"肃静！"法官吼道，"肃静！"

"法官大人，您看到了吗？贪婪令他疯狂。他要是在抢了这袋钱后，声称我所乘的马车也是他的，我也不会惊讶。"

"当然是我的。"富农立刻反驳道，"是我借给你的。"

"瞧见了吗，法官大人？他就差没说我这件大衣也是他的了。"

"那件大衣当然是我的！"富农疯狂地大喊道，"是我的，都是我的。钱袋、金币、马车和大衣，都是我的，统统是我的！"

"肃静！"法官再不怀疑，"老人如此可怜，你还要抢走他仅存的这点儿东西，你难道不羞愧吗？"

"可是……可是……"

"别可是了，你就是个贪婪的机会主义者，"法官宣布，"试图诬骗这位可怜的老人。我判你入狱一周，并赔偿你邻居五百枚金币。"

"抱歉，法官大人，"老头插嘴道，"我能说句话吗？"

"可以，先生，说吧。"

"我觉得，这个人已经得到了教训。虽然他跟我敌对，但我还是请求您给他减刑，只需象征性地罚点儿款就行。"

"你真是个慷慨的老人。你建议怎么做？罚一百枚金币？还是五十枚？"

"不，法官大人。我想，罚一枚金币就够了。"

法官举起法槌，砸在桌上，宣布道："因为此人的慷慨，而非法庭宽宥，在此向原告处以一枚金币的罚款，立即执行。"

"我反对！"富农嚷道，"我抗议！"

"除非罪人拒绝这位善良先生的提议，宁愿接受法庭严酷得多的判罚。"

富农只得顺从地拿出一枚金币，递给老头。

"结案。"法官说。

富农急忙乘车出了城。法官向老头告别，也走了。老头举目望天。

"谢谢您，上帝。现在，您不欠我什么了。"

"德米安，现在你应该已经得到想要的一切，足以完成觉醒，明白何为'接受与挣扎'了吧？"

正如矮胖子所说：

认命是一回事，接受是另一回事。

时钟停在七点

我经历了一段顿悟时期。

我能感觉到自己的成长，体内仿佛不断涌现出什么东西。我不仅在吸收知识，说句不谦虚的话，我还觉得自己变得睿智了，脑中的想法似乎更清晰，整个人也更专注了。

一切好像都非常棒，哪怕有些事无法完全如愿，我也能平静地接受，并无所畏惧地直面任何困难。

"矮胖子，真棒！你一直有如此感受吗？"

"干吗不自己回答你提出的问题？"

"好吧，如果这是顿悟的一部分……既然你这辈子都在不断顿悟（次数肯定比我多），所以，你肯定一直有此感觉。"

"不，"豪尔赫回答，"并非一直如此。"

"啊，既然现在知道原话是'每个灵魂都需要顿悟'，那我有个问题：你觉得其他人（大多数人），也会经历各种顿悟时刻和黑暗时刻吗？"

"嗯。就刚才那一小会儿，我一直在琢磨帕皮尼的一个故事。那个故事叫《时钟停在七点》。"

"能给我讲讲吗？"

"当然可以。但让我来复述如此精湛的故事，或许只能呈现出原著四分之一的美。不过，我还是讲讲吧……"

帕皮尼的这个故事，其实是一个孤独男人在卧室中的独白。

　　我卧室的一面墙上有个漂亮的古董钟。钟早就不走了，指针似乎早已无精打采地停在一个时刻：七点整。

　　几乎任何时候，那个钟都只是毫无用处的装饰品，挂在空荡荡的白墙上。但一天有两个时刻，两个转瞬即逝的时刻，老钟宛如凤凰从灰烬中涅槃重生。

　　七点，当全城的钟开始疯狂地敲击，所有布谷鸟钟鸣响起，所有铜锣般反复播放的曲子奏响，我卧室墙上的那个老钟似乎就活过来了。一天两次，一早一晚，老钟与宇宙万物步调一致。

　　如果只在那两个时刻看向老钟，你一定会觉得它走时完美。可一旦过了那个时刻，其他钟停止奏乐，大小指针继续一成不变地工作时，我这个老钟就跟不上节奏，只能忠诚地待在它最终停下的时刻了。

　　我爱那个钟。越是谈论它，我就越爱它，也觉得自己越像它。

我也会停在某一刻，会觉得自己被钉住了、无法动弹。从某种意义上来说，我也觉得自己是个无用的装饰品，挂在一面空荡荡的墙上。

而且，我也喜欢那些飞速流逝的时间，喜欢在神秘中迎来属于我的那刻。

那一刻，我感觉自己真真切切地活着。一切都变得清晰，整个世界都令人敬畏。那一刻，我能创造、做梦、飞翔。我在那一刻感受到的东西，比其他所有时候都多。那与万物步调一致的时刻一次又一次地来到，势不可当。

第一次有这种感觉时，我试图牢牢抓住那一刻，以为自己能让它一直持续下去。但我做不到。和我的朋友——那个老钟一样，时间也从我身上溜走了。

那一时刻一旦过去，别人家里的其他钟继续走时，我也只能继续单调沉寂的消亡之旅：上班，去咖啡店闲聊，每天过那被我称为"生活"的无聊日子。

但我知道，真正的生活，并非如此。

有些时刻哪怕稍纵即逝，也能让我们感受到自己与宇宙和谐一致。我知道，这种时刻汇集起来，才是真正的生活。

几乎所有人，所有可怜的灵魂，都相信自己活着。

其实，人尽兴而活之时，不过一些短暂的瞬间。但没弄明白这点，非要尝试永生的人，注定日日活在灰暗之中。

老钟，这便是我爱你的原因。因为你我都一样。

"德米安，这便是我对帕皮尼伟大杰作的拙劣重述。恳请你有朝一日去读读原著。我今天选择讲这个故事，就是为了让你看到一则精彩的隐喻：或许，对我们所有人来说，和谐的生活都只能维持很短的时间。也许是现在，就是当下，'真正活着'的时刻碰巧与你的时间相合。德米安，若果真如此，你便好好享受吧。这样的时刻，或许转瞬即逝。"

一段时间后，我读了帕皮尼写的《时钟停在七点》。正如矮胖子所说，那真是一篇杰作。但哪怕今天，哪怕此时此刻，我的书架上就有这本书，我也忘不了豪尔赫的那番重述。豪尔赫的故事或许没有华丽的辞藻和精彩的描述，但对我来说，他的讲述依然如之前一样，对我意义非凡，绝不输于原著带给我的震撼。

扁豆

然而，我的治疗师又一次说对了。那光明与和谐的时刻过去之后，对现实、其他人和自己的永恒怀疑再次浮现。

一件看似微不足道的事让我完全陷入困境：又有个同事薪水比我高。一年中，这已经是第三次了。我自认能相当客观地评价工作，明白自己干得很不错，甚至肯定比同事们更高质高效。

"问题是，爱德华多是个马屁精。"

"是什么？"

"马屁精，谄媚鬼。他总是跟在老板后面，向老板指出他做的每件小事，解释他完成的每项任务和成功解决的所有问题，却尽量弱化他没能解决的那些事。老板并不傻，我肯定他完全明白这些伎俩。但问题是，爱德华多不吹嘘自己的成就时，就在拍老板的马屁。"

"正如你所说，老板在这方面很容易受影响。"

"当然。归根结底，最后胜出的，总是拍马屁的家伙。"

"你跟老板谈过吗？"

"肯定谈过啊。他说我总是质疑一切，还说我态度不好，所以对我的评价并不高。"

"换句话说，你认为他想表达的是：如果你能像爱德华多一样谄媚奉承，就能得到更高的职位、更好的评价和更丰厚的薪水。"

"听起来是这样。"

"嗯，那就很清楚了。你知道自己的目标是什么，也知道实现目标的途径在哪里，而你也有能力实现它。你还想怎样？剩下的全靠你自己了呀。"

"我拒绝。"

"拒绝什么？"

"拒绝为了多那么点儿钱，变成一个唯唯诺诺的马屁精。"

"很好，德米安。但不要以为类似的情节只在职场上演。"

"可我没在其他方面碰到这种事呀。不过，既然你已经说过一切向来'相互关联'，那这种事或许不止于职场。我也不知道。"

"那次校内演讲，里卡多没选你，却选了胡安·卡洛斯。你难道没有同样的感觉吗？"

"有。"

"几个月前，你告诉我劳拉开始疏远你，宁愿跟别人待在一起，因为那些人不会老说她不想听的话。那时你难道没有这种感觉吗？"

"有！全都如此。所以，我想：遇到类似情况，你若不想一个人待着，就得强迫自己伪装出另一副面孔。"

"请换成第一人称，谢谢。"

"好吧，如果我不想一个人待着，我就得奉承别人；就得在他们明明错误的情况下，还假装他们是对的；就得装出一副乖巧又无趣的样子，不是一直闭上嘴巴，就是开口说'好'。"

"嗯，那当然是可行的一条路。此外，就是第欧根尼选的那条。"

"第欧根尼选了哪条路？"

"第欧根尼之路。"

一天，第欧根尼端了碗扁豆，坐在一户人家门口吃。

在雅典，炖扁豆是最便宜的食物。

换句话说，吃炖扁豆意味着你已经穷得不能再穷。

君主的一位大臣从旁经过，对他说："噢，第欧根尼！你若能学着多顺从、奉承陛下一些，就不用吃那么多扁豆了。"

第欧根尼停下来，抬起头，直勾勾地盯着这位典型的富人，回道："兄弟，你真可怜。你若能学着吃点儿扁豆，就不必被迫如此顺从、奉承陛下了。"

"这便是第欧根尼之路——一条自尊之路。这条路将'自我尊严'置于我们'对认可的需求'之上。

　　"我们都需要他人的认可。但如果得到认可的代价是放弃真正的自我，那这代价不仅太高，也很不合理。这就好比一个人骑着骡子，还满城找骡子……"

渴望崇拜的国王

"我想，我已经被迫为很多事付出了极大的代价。而实现这些目标，并没让我感觉有多好。

"我感觉，自己仿佛被困在一个轮子里，不断转圈，却停不下来。如何才能预先知晓必须为某事付出的代价是大、是小，还是刚刚好？我想说，想要之物若为实实在在的东西，这点倒很容易判断。毕竟，某样东西的价格，或多或少都是固定的。但若想要其他非物质的东西，该如何衡量其价值呢？"

"我觉得，你似乎应该先弄清什么叫'昂贵'。为某物支付高价，到底是什么意思？"

"支付高价就是给出去很多钱啊。"

"从物质角度来看，一百万美元算多吗？"

"当然算。"

"所以，一架珍宝机[1]卖一百万美元，算'昂贵'？"

---

1 珍宝机：即波音 747，一种大型喷气式客机。

"呃，那得看谁来买。对我来说，的确算昂贵。"

"为什么？"

"因为我没有一百万美元，也没办法弄到那么多钱。"

"不，德米安，你把'昂贵'和'值得'混为一谈了。"

"决定某物'便宜'还是'昂贵'，得比较其'价格'（需要花多少钱）和'价值'（值多少钱），而非比较其'价格'和'你的购买力'。德米安，只有当某物的'价格'超过其'价值'，它才算'贵'。"

"超过其价值……好吧，我懂了。难怪有那么多东西，我都觉得'贵'了。好啦，我明白了。"

"现在，来聊聊非物质的价值吧。"豪尔赫继续道，"有时，这些东西的价值也非常主观，每个人都有权决定它'值'或'不值'。但我想，对于某些人人都有的东西，我们其实并不知道该如何去珍惜。'尊严'便是其中之一。正如之前已经告诉过你的那样，我觉得人类的尊严（或者说'自尊'）十分可贵，若非得为此付出什么，那代价总是相当高的。"

从前，有个国王快被虚荣心逼疯了（毕竟，虚荣终究会将人逼疯）。国王下令在王宫花园修一座庙，并在庙里塑一尊他的莲花坐忘像[1]。

1　莲花坐忘像：在莲花上盘腿而坐的雕像。

每天清晨，国王吃完早饭后，都会走进那座庙，跪拜自己的塑像。

一天，他觉得只有一个信徒的宗教算不上伟大的宗教，于是灵光一闪，觉得自己需要更多崇拜者。

于是，他命令每个皇家护卫每日至少跪拜一次塑像。所有仆从和朝臣，也得如此。

渐渐地，他越来越疯狂，仅仅是周围人的臣服已经无法让他满足。一天，他命皇家护卫去集市，把他们最先遇到的三个人带回来。

国王想："我要用这三个人来证明百姓都对我十分忠诚。我要让他们拜我的塑像。他们若是聪明人，就会照做。否则，这几人就不配活着。"

于是，皇家护卫去集市带回了一个知识分子、一名牧师和一个乞丐。他们恰好是护卫最先碰到的三个人。

三人被领进那座庙，来到国王跟前。

国王对他们说："这是唯一真神，快拜。否则，你们就献出自己的生命吧。"

知识分子想："国王肯定疯了，我要是不拜，他准会杀了我。这显然是'不可抗力'呀。这只是为了让我能继续报效社会的保命之举，其中并无任何信念可言，所以谁都不能为此谴责我什么。"于是，他躬身拜了下去。

牧师想："国王肯定疯了，他定会说到做到。我是上帝选中的人之一，因此，无论身在何处，也不管面对何种形象，我的精神活动都能将其神圣化。所以，哪怕真的拜了，我依然在崇敬真正的上帝。"

于是，牧师也跪了下去。

然后，轮到乞丐了。可是，他却纹丝不动。

"跪下。"国王说。

"陛下，城里那些人，我谁都不欠。通常来说，我才是被人从家门口赶走的那个。除了在我脑袋上安家的那几只虱子，谁都不会选择我。而我的命，还不值得用装傻来保。所以，陛下，我没有任何理由跪下。"

乞丐的话让国王大为动容。受到启发后，国王开始改正自己的做法。

据说，国王因此恢复了正常，下令拆掉寺庙，建了座喷泉。而他的塑像，则换成了巨大的花架。

十诫

故事里的国王听完乞丐的独白后，便情不自禁地反思了自己的生活。然而，经过上次的治疗，我的脑子却"僵"了。

我再次觉得帷幕被拉上，脑中没完没了、接二连三地冒出各种杂乱无章的场景、事件、念头和想法。

我觉得：从发现"便宜"和"昂贵"的真实含义起，仿佛整个人生就变了。

这一生中，我为太多东西付出了过于高昂的代价！在此期间，我也得到了很多东西，却没意识到它们有多"便宜"！而贪婪和浪费，则是错误之路上的两个极端。

我既是浑蛋，也是深孚众望之人。这两种角色在我体内并存，始终互相较劲、争斗，妄图钻出来主宰我的身体。这正是豪尔赫经常谈起的"两极拉锯战"哪！

"世间万物皆成双成对。"这种想法多奇怪啊！一切事物，都有正反两面。

"每个吉基尔医生[1]，都有他的'海德先生'。"

"总会这样吗？"我问豪尔赫。

"是啊，德米安，总会这样。因为我们生活的世界就是个巨大的阴阳共同体。这两部分组成了如今这个单一的、不可分割的整体。从理解角度出发，我们可以分开探讨两部分的不同。但事实上，它们都不能独立存在。听着……"

矮胖子起身走向衣柜。他打开衣柜门，在一堆杂物中翻找了一会儿，最后拿着个手电筒回来了。他拧了几下，手电筒没亮。于是，他又拍了三四下，终于把它弄亮了。然后，他关掉房间里的灯，举起手电筒，照向已经拉下百叶窗的窗户。

"看得见那束光吗？"他问我。

"当然看得见。"

"为什么？"

"因为手电筒打开了呀。"我说出这个显而易见的答案，不明白他为何这么问。

"现在，把百叶窗拉起来。"

我照做了。

"现在如何？"他把手电筒正对之前那扇窗。正午明亮的阳光照了进来。

1　吉基尔医生：19世纪英国小说家罗伯特·路易斯·斯蒂文森所著小说《化身博士》中善良温厚的医生。因服用了自己发明的一种药物，他变成了另一个被称作"海德先生"的凶残之人。

"现在怎么啦？"我问。

"现在手电筒是开着的，还是关上的？"

"我不知道。"

"什么叫'不知道'？你难道看不见它发出的光吗？"

"不，现在看不到。"

"知道原因吗？"

"呃，因为太阳……"我试图解释。

"你看不见它，是因为若想感知光，你需要黑暗。明白了吗？事物相较于其对立面而存在。黑暗与光明、日与夜、阳刚与阴柔、强大与弱小……万物皆如此。"

矮胖子关掉手电筒，把它扔回衣柜，然后重新坐下，几乎狂热地继续说道：

"外部世界肯定是这样，但我们的内心世界亦如此。如果内心没有懦弱，我们如何知道自己也有坚强的一面？如果不无知，我们怎会去学习？如果没有女人，我们如何知道自己是男人？反之亦然。而且，如果两性基因在我们体内的每个细胞都各占一半的话，我们如何相信自己出生后是百分之百的男人或女人？

"我们体内的所有品质、条件、美德和缺点，都有其相应的对立面。也就是说，没有一个人是绝对的善良、智慧或勇敢。我们有善良、智慧和勇敢的一面，同时也有邪恶、愚昧和怯懦的一面。

"据说，那些认为自己高人一等，并竭力将之表现出来的人，其实心里相当自卑。这事千真万确。

"同样的情况，也适用于我们身上的其他性格特征。比如：某一特征比其他特征更明显时，并不意味着该特征总能压倒其他所有特征。经常占主导地位的特征，往往是更努力表现自我，同时掩盖、躲避、争斗和打压对立面的特征。"

"若真如你所说，那每个好人体内都压抑着一个浑蛋，是吗？！"我愤慨地插嘴道。

"呃，倒不必那么极端。我只是想说，有时情况的确如此。我甚至想斗胆说一句：好人也得对潜藏在自己体内的坏蛋做点儿什么。而无论他做什么，都不是毫无代价的。相反，他或许还需要付出极大代价。我想说，重要的或许是弄清自己在努力掩藏什么，以及为何要掩藏。"

"够了！"我大声抗议。

"好吧，瞧你这副要大发雷霆的样子，我还是打住。在你走之前，给你讲个故事吧。"

一天，几百个新魂聚到天堂门口。他们都是当天死亡之人的魂魄。

此时，守门的圣彼得正忙着维护秩序。

"根据上帝的指令，我们会依据大家遵守十诫的情况，把你们分成三个大组。

"第一组：十诫中的每一条，都至少犯过一次。

"第二组：至少犯过十诫中的某一条。

"第三组（我们推测，这将是人数最多的一组）：从未犯过十诫中的任何一条。"

"好啦，"圣彼得继续道，"所有戒律都犯了的，请往右边走。"

超过半数的灵魂挪向右边。

"现在，"他接着说，"剩下的人，至少犯过一条的，请往左边走。"

剩下的所有灵魂（呃，几乎算是所有吧）都挪向左边……

最后，只剩一个灵魂还在原地。

只有当了一辈子好人的他，孤零零地站在中间。终其一生，他一直遵循善念、善言和善行之路。

圣彼得惊呆了。这么一大群灵魂，从未犯戒的竟只有一个！

圣彼得立刻请来上帝，向他汇报了情况。

"若遵循原来的计划，中间那个可怜人得不到任何好处，只能在无尽的孤独中无聊度日。看来，我们应该做点儿什么。"

于是，上帝走到这些灵魂跟前，说："现在忏悔的，可以立刻得到宽恕，一切罪行也将被遗忘。愿意忏悔的，现在就可以回到中间，跟纯洁无垢的灵魂站在一起。"

渐渐地，这些灵魂都开始朝中间走去。

"站住！太不公平了！这是背叛！"一个声音大喊道。是那个唯一没有犯戒的灵魂。"这不公平！要是早知道能被宽恕，我就不会浪费一辈子了……"

静修处的猫

"矮胖子，如果我说想放放假，会怎么样？"

"什么会怎么样？"

"你我之间，以及我的治疗会怎么样？"

"我没明白你的意思，德米安。"

"我想问的是，我可以暂停治疗，休息休息吗？"

"听着，我不确定你到底在问什么。我就以我认为符合逻辑的方式来解读你这个问题吧。如果你问的是经过这段时间的治疗，此刻是否能暂停一段时间。那我的答案是：都到这时候了，你当然可以。而且，我由衷地相信，无论你决定何时开始在人生路上独自前行，你都能办到。"

矮胖子说这些时露出的笑容，成了这场对话中唯一令我感到安慰的东西。我来征求他的允许，没想到，他不仅应允了，似乎还很鼓励我这么做。

"怎么，矮胖子，你在赶我走吗？"我问道，想再确定一下。

"德米安，你疯了吗？是你来问我是否可以休息一段时间，我同意了，你反倒说我要赶你走。那你想要我作何回答？"

"豪尔赫，因为我早已习惯过去那些心理治疗师的否定答案，所以你这散漫的态度着实令人吃惊啊。"

"你脑子里在期待什么样的回应，想跟我说说吗？"

"呃，最实际的、我认识的每个人都碰到过的情况是：治疗师会立刻将这种'放放假'的念头解读为'抗拒治疗'。"

"但你肯定不希望我这么想吧。"

"呃，从逻辑上讲，不希望。但我或许也想过这种可能性。此外，你也可能冲我大喊大叫，在盛怒之下把我赶出去。"

"好吧，我来解读一下你这种想法：你要是那样做了，我便能确定你对我有多重要，你的离开将给我带来巨大伤害，我根本无法承受失去你的代价。"

我觉得自己彻底暴露了。

"好吧，我说实话，"矮胖子继续道，"我当然看重此事，因为我爱你。但是，你要离开的想法并不伤人，因为我觉得这是你的选择。很抱歉，我要说我受得住。而且，我肯定不会生气，也不会把我赶出去。"

"有没有其他可能……"我刚开口，就说不下去了。

"还有其他可能？"矮胖子接过话茬，鼓励我继续。

"还有种可能是：你就像现在这样放我走了。"

"那有什么问题？"

"果真如此的话，那……没问题了。"

"我真是越来越搞不懂你。"

"接下来会怎样?"

"什么叫接下来会怎样?"

"我想回来时,会怎样?"

"什么叫'你想回来时,会怎样'?"

"我能回来吗?"

"为何不能,德米安?"

"因为朋友们决定暂停治疗时遭遇的可怕经历,他们都告诉我了。从隐晦地威胁病情可能复发,到明确预测这一灾难性结果;从怀疑你的心理治疗师日后是否还能继续为你看诊,到直接贴上'从前有个病人,离开后就再也没能回来'的标签……这些情况我都听说过。"

"哈哈!你问起这事为何如此小心翼翼,这下我算是明白了。好吧,至少对我而言,你可以随时中断治疗,也能想什么时候回来,就什么时候回来。唯一的条件是:我们双方都能适应这种改变。无论你做何决定,所做之事都得有利于治疗。当然,也只有在能促进病人康复的情况下,才能采取行动。"

矮胖子停下来泡巴拉圭茶。

"但和往常一样,人们会试图推导适用于某种情况的具体规则。然后,他们就荒谬地用这一条规则,概括各类情况。"

"总是这样吗?"

"至少相当频繁。给你讲个故事吧?"

从前，印度有位古鲁[1]跟自己的信徒们住在其静修之地。

每日太阳下山后，古鲁都会为信徒们讲一次道。

一天，一只漂亮的猫来到静修地。从此，古鲁走哪儿，猫就跟到哪儿。

古鲁每次布道，猫都在信徒们中间转悠，扰得他们无法专心致志地听布道。

于是，这位精神领袖决定开讲五分钟后，就叫人把那只猫绑起来。这样，它便不能再打扰众人。

时光流逝。一天，古鲁去世了。

于是，古鲁最年长的弟子接替他，成了新的精神领袖。

他开始了自己的第一次布道。刚讲五分钟，就命人把那只猫绑起来。

助手们花了二十分钟才把那只猫找出来，然后绑住了它……

时光流逝。一天，那只猫也死了。

于是，新的古鲁命他们再去找一只猫，以便把它绑起来。

1　古鲁：指印度教、锡克教的宗教教师或领袖。

测谎仪

"我受不了啦!"我抱怨道。

"德米安,你受不了什么?"

"听别人撒谎!我讨厌别人对我撒谎!"

"你为何如此讨厌谎言?"豪尔赫问,仿佛我不过在抱怨雨是湿的。

"什么叫为什么?因为撒谎可耻呀!我无法容忍有人拿他们编造的谎言来欺骗、纠缠我。"

"纠缠你?怎么会?"

"撒谎就是一种纠缠。"

"德米安,只是撒谎可不够。他们虽然可以撒很多天谎,但你真会一直坐在那儿听他们编故事吗?那多可笑!"

"但豪尔赫,我总是被愚弄。我相信他们、信任他们。任何笨蛋无论拿什么老故事来忽悠我,我都信以为真。我真是蠢透了!"

"呃,那你为何会相信他们?"

"因为……因为……该死,我也不知道为何会相信他们。见鬼！"我嚷道，"我不知道，我不知道。"

矮胖子坐在那儿，默默看了我一会儿，"要知道，最好一开始就别生气。但现在，既然已经动怒，那处理愤怒的最佳做法，就是干点儿足以消弭怒气的事。"

我已经知道矮胖子要说什么了。

豪尔赫有个观点：愤怒、爱和悲伤，都不过是身体的电池而已。情绪能提供"促使行动"的能量。不能导致某种行为的情绪，什么都不是。任何试图分割情绪和行为的做法，都将导致疏离、迷失和紊乱。

而我正在这么做：努力压抑情感，抗拒它促使我去做的事。

豪尔赫躺到地板上，拉过一个大靠垫，放在自己面前。他什么也没说，只是拍了几下靠垫，邀请我一起去琢磨这个问题。

我明白了豪尔赫的建议是什么。我默默坐到垫子另一侧，并且也开始拍打它。

一下又一下。

一次比一次重。

我拍啊，拍啊，拍啊。

然后放声大吼。

破口大骂。

接着继续拍。

拍啊拍啊，

拍啊。

终于，我气喘吁吁、精疲力尽地倒下。

矮胖子等我调整好呼吸，才一手按住我的肩膀，问道："好些了吗？"

"没有，"我说，"或许轻松些了，但并没好转。"

"那不过是界定'好转'的标准不同罢了，"豪尔赫应道，"我想，轻装上阵，总能让人感觉更好。"

我在豪尔赫胸前靠了一会儿，获得些许安慰。几分钟后，豪尔赫问："出了什么事，可以告诉我吗？"

"不，矮胖子，我不想说。事情并不重要。但现在，我至少能足够清醒地意识到，需要弄清楚，遭遇谎言时我为何会有如此反应。因为这真的让我陷入了困境。"

"那好，我们开始吧……先试着总结一下，你觉得问题出在哪儿？"

我舒舒服服地躺在地上，又抽了下鼻子，说了起来："问题是，当我……"

但矮胖子立刻插嘴，不让我继续说下去了："不，不，不！要像发电报一样简明扼要描述，仿佛每个字都是深思熟虑的结果。来吧。"

我想了一会儿，最终说道："我恨别人撒谎。"

我满意了。

就是这句话。

只有六个字。

这是一条真正浓缩的信息。

我瞥了眼矮胖子。

沉默。

我决定加个修饰词，做个简短的补充，让这句话变得更真实。

"我真的痛恨别人对我撒谎。完全受不了！"

矮胖子笑了，露出那副了然的慈爱表情。有时，我觉得那表情就像在说："孩子，你真傻呀！"还有些时候，那副表情就像一个大大的拥抱，意为"我就在你身边"或"没关系"。

"我受不了……"我再次申明。

"别人对你撒谎。"豪尔赫帮我说出了剩下的话。

"别人对我撒谎！"我重复道。

"对你撒谎。"他强调了第二个字。

"没错，对我撒谎。"我完全不明白他说这话是什么意思。"你笑什么？"终于，我开口问道。

"我没笑，我只是咧咧嘴。"

"怎么回事？"我问，"我不明白。"

"我知道你被困于此，并非因为我从哪儿读到过这种情况。我之所以知道，是因为这一生的大部分时光，我也被困于此。我笑是出于同情，因为我能认出彼时也身陷囹圄的那个自己。我就是从你的视角，看到了那个自己。"

"矮胖子，这并不能真正帮到我。知道你也有这样的经历，对我来说也不够。就算听到每个人都曾有过这样的经历，我也不会感到安慰。现在，那些就是不够！"

矮胖子只是坐在那儿，如佛陀般一脸超然。

"我知道。我知道这还不够。不过，你不是现在就要走，对吧？"

"不！我不走！"

"那好，冷静。你若想知道我微笑的原因，我可以告诉你。就是这样。"

豪尔赫又坐回到扶手椅里。

"你受不了别人对你撒谎。"

"没错！"

"你为何认为他们在撒谎？"

"为何认为他们在撒谎？因为迟早有一天，我会发现他们说的那些事都是假的。"

"啊。我想，你混淆了'不撒谎'和'说真话'。"

"什么？这不是一回事吗？"

"根本不是！"

我的逻辑推理顿时犹如撞上一面砖墙。唯一让我安慰的是：若真如豪尔赫一贯所说，困惑是一扇通向明晰的门，那我肯定已经站在了领悟的门槛上。因为……我真是彻底没搞懂。

"这很明显啊！"豪尔赫宣称。

"只是对你而言吧！"我反驳道。

矮胖子开怀大笑，继续道："'不说真话'和'撒谎'是两回事。我给你举个例子吧。"

很多年前，第一台测谎仪出现时，所有律师和人类行为研究者都为之着迷。该设备利用一系列传感器监测人在说谎时会出现的各种生理变化，比如：出汗、肌肉收缩、脉搏变化、身体颤动和眼球运动等。

当时，无数实验都会用到这台被称为"真相机器"的装置。

一天，一名律师想进行一场十分特别的实验。他带着测谎仪来到市精神病院，把它连到一个名叫J.C.琼斯的病人身上。琼斯先生是个精神病患者，发病时会赌咒发誓地说自己就是拿破仑·波拿巴。或许是因为学过历史，所以他知道拿破仑的一切，还能准确、连贯、合乎逻辑地详细描述这位伟大的科西嘉人的生活——当然，他用的是第一人称。

医生们让J.C.琼斯坐在测谎仪旁，按正常程序校准机器后，开始发问："你是拿破仑·波拿巴吗？"

病人想了一会儿，回答道："不是！怎么可能？我是J.C.琼斯。"

所有人都笑了，除了操作测谎仪的那名医生。他告诉众人，琼斯先生在……撒谎！

机器证明：病人说实话时（也就是他声称自己真的是琼斯先生时），他其实在撒谎。因为，他内心相信自己是拿破仑。

我是彼得

"有人说真话时，可能在撒谎（反之亦然）。"这个事实犹如压垮骆驼的最后一根稻草，把我脑中的某些想法搅得更加混乱。

"豪尔赫，太糟糕了，"我道，"这么说，'事实'完全是个主观概念，因此，也是个相对概念。"

"呃，若说我真的在谈论什么话题，那不对劲的是'谎言的概念'，而非事实。事实依旧是绝对真实的，哪怕我们承认'部分谎言是真的'，也不等于就在撒谎。然而，因为对事实的认定与我们的信仰体系紧密相连，我们最后还是会得出你的结论（顺便说一句，出于这样或那样的原因，我赞同这个结论）：事实是相对的、主观的。此外，请允许我再补充两点——事实还是不断变化且具有片面性的。"

"没错，"我附和道，"但依旧如我之前所说，一切都没有改变。我痛恨别人对我撒谎。换句话讲：无论真假，只要我知道有人告诉我的某事并非事实，我就很烦恼。哪怕说话之人口中的'事实'是相对的、主观的、片面的。我就是受不了别人对我撒谎。"

"你觉得，他们为何对你撒谎？"

"又是这个问题？"我说，"怎么还问呀？"

"我想问的是，你为何觉得别人在对你撒谎，所有人？"

"什么叫为何？因为那个有问题的谎言，就是说给我听了呀。"我厉声道。

"别生气。就个人而言，我认为一个人撒谎时，就只是在撒谎。也就是说：他们没有对你或对我撒谎。他们只是在撒谎，顶多只能算在对他们自己撒谎。"

"不对！"

"的确如此。德米安，人为何要撒谎？想想这点，人撒谎的目的是什么？"

"我怎么知道？撒谎的理由成百上千……"

"举个例子。是什么理由，让你今天如此气愤地走进这里？"

"他们撒谎，是为了掩盖他们犯下的过错。"

"为什么要掩盖？"

"因为其他人会因此批评他们。"

"他们为何不想被批评？"

"因为他们想逃避其他人的谴责。"

"他们为何想逃避其他人的谴责？"

"因为他们在乎他人的看法。"

"还有呢？"

"还有……他们不想面对结果。"

"所以，他们不想承担责任。"

"没错。"

"好吧，99% 的谎言，或许都出于这个原因。"

"我想也是。"

"嗯，那撒谎者怎么知道自己要负责？谁决定了他们的责任？"

"没人。或者说……是他们自己。"

"没错，是他们自己。"

"那又怎样？"

"你难道还不明白吗？撒谎者并不怕被他人批评，也不怕随之而来的谴责。撒谎者已经批评和谴责了自己。明白了吗？他们的行为已经接受了评判。撒谎者在掩藏他们自己的批评、谴责和责任。正如我所说，这是他们的问题，不是被骗之人的。"

我惊呆了。的确如此。而我之所以明白这点，是因为我不仅旁观过别人撒谎，也经历过自己撒谎的过程。我撒谎时，的确已经评价和宣判了自己的罪行。

"但我仍是被他们欺骗的人，这点依旧是事实！"

"就像我母亲过去经常数落我妹妹卡乔的那些话：'我给她什么，她都不吃。'母亲会抱怨：'她不吃我的肉。''她不尝我的汤。''她都不尝尝我的果馅儿饼，那饼多有营养啊。'"

"不，这不是一回事。有人对我撒谎时，他们骗的就是我。"

"不，德米安。你认为你是'自我世界'的中心，我接受这个事实。你的确是。但你不是这个世界的中心。人们撒谎，但并非是在对你撒谎。他们撒谎，是因为他们决定撒谎，因为撒谎是他们感兴趣或愿意做的事。撒谎是他们的特权。说'他们对你撒谎'，会导致一种自我暗示的错觉。于是，本来是他们的问题，到头来却变成了你的问题。多荒谬！"

"但这真的是他们的问题吗？"

"当人们为了逃避责任而对自己撒谎时，表现会跟一种病症很像。我俩已经共同见证多少回了呀！神经官能症不就是为了'不当成年人'，为了逃避随着成长该肩负起的责任吗？"

"我不知道。我得想想。但在日常生活中，获益的是撒谎的一方，而非心烦生气的一方。"

"就算这是真的，是否有益于你，也跟公平毫无关系。再说，这也得看你如何理解'受益'二字。

"凭借一个谎言达成某事并不容易。我想，一个谎言或许顶多能让撒谎者暂时如愿掌控某事。其实，他们内心深处非常清楚：当下的局面是仅靠谎言支撑的虚妄、脆弱之境。

"这并非我们撒谎的原因，或者，至少不是我们下意识撒谎的原因。不管怎样，我撒谎时，是为了努力控制局面。"

"你是说，为了得到力量吗……"

"嗯，从某种程度上来说，是'力量'。我是知道真相的人，我让你做出某种行为。我欺骗你、诓你、骗你，惹你生气。虽然这是种捣乱的'力量'，但终究也是'力量。'

"想听我讲个故事吗？"

豪尔赫已经很久没给我讲过故事了。

"好!"

"呃,差不多算是故事吧。"

　　从前,城里最阴暗的地方,有间肮脏的酒馆。

　　那肮脏的环境,就像暗黑系列侦探小说里的场景。

　　一个醉醺醺的钢琴手顶着两个大眼袋,在角落里敲着冗长乏味的布鲁斯。烟雾浑浊浓重,灯光朦朦胧胧,几乎看不清他的身影。

　　突然,有人踹开大门。钢琴手停止演奏,所有人的目光都转向门口。

　　一个穿着衬衫的大汉站在门口。他衣服下的肌肉鼓鼓的,粗壮的胳膊上满是文身。

　　他脸上有道可怕的伤疤。那疤痕让他凶狠的表情变得更加吓人。

　　他大声开口了,那声音简直能让血液凝固:"谁是彼得?"

　　空气中弥漫着可怕的静默。那大汉上前两步,抓过一把椅子就砸向镜子。

　　"谁是彼得?"他又问了一遍。

　　一个戴眼镜的小个子男人滑下椅子,从旁边的一张桌上悄无声息地朝那野蛮人走来。然后,他用几不可闻的声音，低声道："我……我是彼得。"

"啊哈！你是彼得？我是杰克，你这该死的家伙！"

大汉一把抓起彼得，扔向另一面镜子。然后，他又把他拎起来，补了两拳。那拳头力道之大，仿佛要把彼得的脑袋打掉。接着，大汉砸碎了彼得的眼镜，撕烂了他的衣服，最后将他扔在地上，对着他的肚子就是一通猛揍。

小个子男人的嘴角渗出血迹，整个人躺在地板上，已经陷入半昏迷状态。

大汉这才大摇大摆地朝门口走去，临别前还大声说了句："没人骗得了我。没人！"

说完，他就大步出去了。

门一关上，两三个人立刻赶到受害者跟前，照顾这个遭到毒打的人。他们扶他坐下，给了他一杯威士忌。

小个子男人抹掉嘴角的血迹，笑了。起初，他笑得很轻，接着变成开怀大笑。

每个人都震惊地盯着他。他被打傻了吗？

"你们什么都不懂，"他大笑着说，"我真骗到了那傻瓜。"

其他人按捺不住好奇，不断追问：

"什么时候？"

"怎么骗的？"

"跟女人有关吗？"

"跟钱有关？"

"你做了什么？"

"你把他送去监狱了？"

小个子男人还是哈哈大笑。

"不，不。我的意思是说：我刚刚当着每个人的面，把他骗了！我是说……哈哈哈……我……

"我不是彼得！"

走出豪尔赫的诊疗室时，我笑个不停，脑中始终在想：那个被践踏的男人，竟相信自己占了那个大汉的便宜。

然而，越往前走，我的笑声就越小。渐渐地，一种自怜之情溢满心头……

奴隶的梦

那天我为何如此生气，我已经全忘了。

现在，对我来说，似乎重要的只有撒谎这个话题。

整整一周，我都在琢磨这个问题，重新挖掘自己撒谎的动机，回想自己撒过的谎和听到过的谎言。事实一次又一次地证明：豪尔赫在我脑中种下的那个念头，如今已经变得越来越强烈——

"如果说谎言有问题，那也是撒谎者的问题。"

但考虑到善意的谎言时，我的思绪又有点儿卡壳。

起初，我认为它们似乎属于不同类别。

看起来，善意的谎言仿佛不会引发批评或自我谴责。

善意的谎言甚至不存在试图逃避责任的情况。

然而，细致剖析后，我发现用善意的谎言保护他人时，依然需要付出代价——我不愿面对他们的痛苦、虚弱或怒气。

如果这还不够，我发现人在撒一些善意的谎言时，往往会将自己置于对方的立场上。正如我的心理治疗师所说，我把自己当成受害者，继而屈从于"若遇到这事的是我，我宁愿不知道真相"的念头。这样的念头让我觉得我有权不让别人发现真相。而我做出这样的决定，都是为他们好。

如此想来，我才意识到：善意的谎言更像一种可怕的操纵行为，而非仁慈之举。

真是太可怕了！

然而，若谎言不是为了别人，而是为了自己，那我撒谎到底是在怜悯谁？是我自己！

几乎所有谎言都是在表达怜悯，但怜悯的是自己，是撒谎者。

"撒谎的人是在怜悯自己。"我对豪尔赫说。

"哇，德米安。我还从未这样想过。真是个有力的观点。"矮胖子评价道，"善意的谎言总是惹人怀疑，有时也会引发一些从道德和哲学角度看来相当复杂的问题。在伦理方面，我所知最经典的实例之一，便是苏格拉底在'自由人和奴隶'这个问题上遇到的困境。"

上次听到类似描述，还是跟朋友莱亚组队参加活动时她提出的。我听完后就产生了共鸣，并依稀觉得自己之前在什么地方听过此事，只不过当时并没在意。然而，看到讨论在听众中激起的反应，并同时遵循自己内心的思考过程，我发现自己非常感谢莱亚，不仅感谢她对我的友谊，更感谢她让我明白了这一切。

故事很简单。

一个人沿着一条僻静的小路信步而行。一边走，一边享受空气、阳光和鸟儿带来的欢乐。走着走着，他看见路边有个睡着的奴隶，凑上前一看，发现对方正在做梦。从奴隶的梦话和动作来看，他多半梦见自己已获自由，脸上的表情安宁又平和。那个人是该叫醒奴隶，告诉他这只是个梦，他依旧是奴隶吗，还是任由他睡得越久越好，哪怕只是一个梦，也可以待在幻想世界中尽情享受？

"正确答案是什么？"豪尔赫问。

我耸耸肩。

"没有正确答案，"他答道，"每个人都有自己的答案。除了自己的答案，你也找不到其他答案。"

"我要是遇到那个奴隶，估计会既惊愕又气馁，不知如何是好。"我说。

"我给你一点儿或许将来会派上用场的提示吧。如果既惊愕又气馁地站在那儿，不知如何是好，就仔细瞧瞧那名奴隶。若这个人就是我豪尔赫，别犹豫：立刻把我叫醒！"

盲人之妻

再次展开治疗时，我提出争议。

"你似乎觉得撒谎没什么不对，但我们不是一直被教导'说谎是错误的'吗？"

"你确定，德米安？你确定我们一直被教导'不要撒谎'？我不太确定。有个场景，几乎每天都会在每座城市上演——"

一个说谎的孩子刚刚被抓了现行。

思想现代、富有同情心的父亲明白：儿子的这个谎言虽然无伤大雅，但重要的是"诚实的品格"，于是……

父亲停下手头的事，坐下来，用通俗易懂的语言向儿子解释：无论情况如何、听者是谁，都要一直讲真话。

这时，电话响了。

想好好表现的儿子说了句"我来接"，就赶过去接电话。

一分钟后，他回来了。

"爸爸，是保险代理人。"

"啊，又来了？告诉他我不在。"

"他们真的教育我们别撒谎吗？我看不见得。他们叫我们别撒谎，大部分情况下，的确如此。但我们的父母、老师、牧师、政客……他们真的在教导我们别撒谎吗？"

豪尔赫停顿片刻，泡了些巴拉圭茶，又继续道：

"这似乎就将我们引入了另一片领域，一片'个体如何应对谎言'的主观领域。而且，我们要从根本上探讨，为何撒谎是错误的行为。'社会无法容忍不可预知的个体'，这点你我已经见证了无数次。至少在如今的社会体系下，谎言会导致'失控'，从而让'共生规则'变得复杂。在当下的社会体系中，撒谎之所以是错误的行为，是因为你若撒谎，我就永远无法确定你在想什么、做什么、有何感觉。而要维持对局势的掌控，和其他每个人一样，我也需要'事实'。若感觉不到'事实'，我就需要你提供相关信息，更需要相信'你对我说的是实话'。"

"但我若不能相信你说的话，"我断言，"我就没法活了。"

"德米安，没人能阻止你继续信任他人。我质疑的是你试图阻止别人撒谎的行为。"

"但豪尔赫，如果每个人都想说什么就说什么，那多可怕！一切都会乱套的。"

"有可能。"矮胖子说，"但这并非唯一的可能性。还有其他可能性，其他更有希望成为事实的可能性。我们之前已经说过，人们之所以撒谎，是因为经过自我评判后，他们害怕他人的评判。但可以想象一个真正自由的世界，一个容忍度极高、百无禁忌、万事皆合宜、不存在任何强制性行为的世界。

"在那样的世界里，没人会评判自我、痛斥他人或害怕他人的批评。人们有撒谎或不撒谎的自由，既能讲真话，也可以掩盖事实。当那样的世界成为现实后，我们或许就都不撒谎了。世界将变成一个诚实、安宁之所。德米安，那也是一种可能性。"

"真的可能吗？你确定？"

"不，我不确定。但这世上我真正能确定的事少之又少，我宁愿相信这个或许不存在、但至少有可取之处的可能性。"

"你还真是什么都信啊？"

"呃，我也不确定。但如果它正合我意，那我就会信。"

"告诉我，矮胖子，如果你的这个小小幻想真有可能性，世界为何没有如你所说，变成一个'诚实、安宁之所'？"

"德米安，因为首先，你得克服恐惧。"

"对什么的恐惧？"

"真相。改天我跟你讲个真相商店的故事吧。"

"干吗不现在讲？"

"因为现在我要给你讲另一个故事。"

　　一个遥远的小镇上，有个男人患了罕见的眼疾。

他瞎了三十年。

一天，镇上来了位名医。众人就他的病情向医生咨询了一番。

医生承诺：那人只要接受手术，就能复明。

但他的妻子觉得自己又老又丑，因而表示反对！

处决

"但这样的话，按你的说法，真诚毫无价值。"我抗议道。

"德米安，真诚当然有价值。我只是拒绝用法令来建立真诚。"

"那要如何做，才能创造出那个你我都向往的世界？"

"一生中，你迟早会遇到（或者已经遇到）让你觉得无拘无束，不需要对其撒谎的人。你也会遇到一些人，你非常希望他们保持本真的面貌，所以他们也从未想过要对你撒谎。那些就是你真正的朋友。好好关照他们吧。"豪尔赫说，"你会发现，和那些朋友在一起，你便会开始遵循一种新秩序……"

"告诉我，你觉得'坦白'是朋友之间尤其应该遵循的传统吗？"

"嗯，但要注意，'坦白'是一回事，'真诚'是另一回事。"

"什么？另一回事？"

"没错！另一回事！"

"解释一下。"

"'坦白'（坦诚交谈）说的是'开诚布公'。想想'自由通行'

这个概念。'坦诚交谈'意味着'我没有隐瞒任何事，对你未设任何禁区。我脑中没有黑暗的角落，存放秘密的思想、感觉或记忆'。在我看来，'真诚'的范畴并没有那么大。'真诚'意味着'我告诉你的每件事都是真的，至少对我而言是真的'。如你所说，'真诚'就是'我没有对你撒谎'。"

"所以，你想说，你可以在不'坦白'的情况下，依旧'真诚'。"

"没错。德米安，'坦白'是奢侈的，就跟'爱'一样，我们只会将其赋予极少数人。"

"但豪尔赫，如果真如你所说，我可以在对你隐瞒一部分自我的情况下，依然'真诚'，那就好比在说：'隐瞒'不等于'撒谎'。"

"呃，至少在我看来，'隐瞒'的确不等于'撒谎'。前提是：你没有为了'隐瞒'而'撒谎'。"

"请举例说明。"

一对夫妻有如下对话：

"怎么啦？"

"没什么……"

（但是，的确有什么事不对劲。他知道出事了，虽然不知道是什么事，但他在撒谎。）

另一个例子：

"怎么啦？"

"我不知道……"

（不，他知道。他知道出事了，而且很清楚出了什么事。所以，他在撒谎。）

再举一例：

"怎么啦？"

"现在我不想跟你讨论这个。"

（这个回答或许听起来更有问题。他有所隐瞒，但他其实是真诚的。）

"但豪尔赫，我女朋友不能理解或容忍前两个例子。如果我尝试最后一个，她估计会叫我去死。"

"呃……如果她理解并容忍你撒谎，却在你真诚时惩罚你，那就是时候重新考虑一下你到底需要哪种女友了。"

"你总是需要回应每一件事吗？"

"嗯！我们总会做出回应，哪怕回应是沉默、困惑或逃避。"

"我真是受够你了。"

"我也受够我自己了。"

"好吧，矮胖子。我来瞧瞧我是否可以做个总结。"

"好。"

"你说你不赞成'撒谎是错误的'这种说法。你说，撒谎向来都是我们每个人做出的个人选择。"

"而且，在每段关系中都如此。"豪尔赫补充道。

"在每段关系中都如此。"我附和道，"你还认为：'撒谎'不等于'隐瞒'。"

"不，我认为'隐瞒'不等于'撒谎'，这可不是一回事。"

"好吧。你还说，要把'真诚'留给朋友。'坦白'只属于被选中的极少数人。是这样吧？"

"差不多。"

"好，那么，我相信的'事实'，将永远取决于你我的关系，以及我们之间的信任或爱。"

"当然。除此之外，还取决于你的愿望。"

"什么愿望？"

"你想听我讲个故事吗？"

在一个遥远的国家，有个有权有势、残酷无比的封建领主，名叫努拉夫。

在他的领地，一切都得遵循他的法度，农民们甚至连他的名字都不能提。他任命的郡长施行暴政，压榨百姓。收税官把百姓卖庄稼、酒水或手工艺品换回的一点儿钱都收走了。

努拉夫有一支强大的军队。军队里时不时就有年轻军官领兵造反，试图推翻他。但每次革命都被这位暴君血腥镇压了。

城里有位牧师。领主有多邪恶，这位牧师就有多善良。牧师尊重自己的信仰，一生都在帮助他人，将毕生所学倾囊相授。有十五到二十个门徒追随他，住在他家，从他的言谈举止中学习。

一天晨祷后，牧师聚起门徒，对他们说："孩子们，我们必须帮助人民。他们或许本可为个人自由而战，却慑于领主的强大力量，不敢起来与之对抗。随着时间的推移，他们只会越来越害怕努拉夫。我们若不做点儿什么，他们就会像奴隶一样死去了。"

"您怎么说，我们就怎么做。"门徒们异口同声地应道。

"哪怕这会让你们付出生命吗？"牧师问。

"一个人若能帮助手足兄弟却不帮，那要生命有何用？"一个门徒代表众人应道。

三月的第五天到了。这天是努拉夫的生日，不仅宫里会举行庆典，他本人也会乘车进行一年一度的全城巡游。那天早晨，努拉夫穿上缀着金线和珍贵宝石的长袍，在强大护卫队的簇拥下，开始巡游。

根据法令，领主的马车经过时，所有人都要匍匐在地，以示尊敬。

让所有人惊讶的是，马车经过离宫殿仅几条街的一所房子时，那儿的一个臣民始终站着。护卫立刻将他扣下，带到领主面前。

"你难道不知自己应该跪拜吗？"

"我知道，殿下。"

"但你没拜。"

"嗯，我没有。"

"你知道，我可以为此杀了你吗？"

"殿下，这正合我愿。"

努拉夫虽然对这番回应感到诧异，却绝不允许自己受此威胁。

"很好。你若想死，今天傍晚就让刽子手砍了你的脑袋。"

"谢谢您，殿下。"年轻人微笑着跪了下来。

人群中，又有一个人在大喊。

"殿下！殿下！我能说句话吗？"

这位独裁者允许他上前。

"说吧。"

"殿下，请您今天处死我，放过其他人。"

"你想代他去死？"

"是的，殿下。求求您，我对您向来忠诚。我求您准了我的请求吧。"

努拉夫吃惊地问死刑犯："他是你的亲戚吗？"

"我从没见过此人。请别让他代我去死。我才是该受惩罚、该被砍头的那个。"

"不，殿下，是我。"

"是我！"

"肃静！"努拉夫大吼道，"你俩我都可以满足。你们都会被砍头。"

"太好了，殿下。但因为我先被定罪，所以我觉得该我先死。"

"不，殿下。这项殊荣应该属于我，因为我甚至没有冒犯您。"

"够了！这都是什么事呀！"努拉夫大声道，"安静，不然我就让你们一起死。这儿可不止一名刽子手。"

人群中又响起一个声音。

"既然如此，殿下，我希望自己也出现在那份名单上。"

"还有我。"

努拉夫大惊，完全搞不懂到底出了什么事。

被蒙在鼓里，势必会让这位独裁者很不高兴。

五个健康的小伙子请求被砍头，这简直无法理解。

努拉夫半眯着眼，琢磨起来。

片刻后，他做了个决定。不能让臣民们以为他怕了。

他要叫来五个刽子手！

但当他睁开眼，看着聚在周围的人群时，叫嚷着想被砍头的不再是五人，而是十几个人。而且，还不断地有其他人举手。

一个强大的封建领主，可受不了这种事。

"够啦！"他吼道，"在我决定何时让何人受死之前，所有处决都暂停。"

于是，马车在一片抗议和求死声中，返回官殿。

一回到官殿，努拉夫就把自己关进屋里，仔细思考事情的来龙去脉。

突然，他有了个点子。

他派人去找牧师。牧师肯定知道这一集体疯狂事件的缘由。

很快，年老的牧师被找了出来，带到努拉夫跟前。

"为何市民们都要求被处决？"

老人没吭声。

"回答我！"

沉默。

"这是命令！"

依旧沉默。

老人被带进刑室，经历了数小时最可怕的折磨。然而，他还是拒绝开口。

于是，这位独裁者派护卫去庙里找几个牧师的门徒。

护卫让门徒看牧师备受折磨的身体，然后问他们："为何市民们都想被处决？"

牧师微弱的声音响起："你们不准说话！"

努拉夫知道他无法用死亡威胁到在场的每个人，于是对他们说："我会让你们的老师遭受最痛苦的折磨。你们必须在场见证。你们要是爱他，就说出这个秘密。然后，我便放了所有人。"

"好吧。"其中一个门徒说。

"闭嘴！"老人道。

"继续说。"努拉夫说。

"如果今天有人被处决……"那个门徒说了起来。

"闭嘴！"老人又呵斥了一声，"该死，不准泄密！"

努拉夫打了个手势，老人挨了一拳，昏死过去。

"继续说。"他命令道。

"今天第一个被处决的人，日落后将获永生。"

"永生？你撒谎！"努拉夫喝道。

"《圣经》上都写着呢。"年轻人边说，边从包里掏出书，打开念了一段，以证明自己所言非虚。

"永生！"努拉夫琢磨起来。

努拉夫唯一惧怕的事就是死亡。而现在，他有机会战胜死亡了。永生！

努拉夫不再犹豫，叫人拿来纸笔，判了自己死刑。

每个人都被赶出官殿。日落时，努拉夫被自己下的法令处决了。

于是，摆脱了压迫者的人民揭竿而起，为自由而战。几个月后，所有人都获得了自由。

从此以后，再也没人提起那位封建领主。除了他被处决的当晚，门徒们为老师料理伤口时，老师既夸赞了他们不怕杀头的勇气，也祝贺了他们的精彩表现。

"德米安，封建领主为何会相信那样一个谎言？为何听了敌人的故事，他还要下令处死自己？他为何会落入牧师的圈套？答案只有一个：

因为他想相信。

"他想相信那是真的。德米安，这是我这辈子听过最不可思议、也最吸引人的真相。我们虽然因为很多原因相信谎言，但受骗的最大原因，还是——我们想去相信它们。

"就像你那天问的那个问题一样：别人对你撒谎，你为何那般苦恼？"

"你苦恼，因为你想相信他们说的是事实！"

关于这个问题，他已经自问自答了：

愿意被骗的人，最容易上当受骗。

公正的法官

和往常一样，经历了一番情感风暴后，我的想法开始稳定，各种念头也趋于平衡。

一生中，我无数次努力理解那些以为可以用四美分买回一个五美元镍币的人。这真是个令人费解的谜。

我也永远无法理解，为何总是有人落入那些经典骗局。

那些人到底是怎么想的？价值连城的东西怎么可能几美分就买到？

为何到头来，还是有人上骗子的当？

智力正常的人又为何会以高到荒谬的价格，买下廉价的垃圾？

答案终究还是浮出水面：每个被骗的人都在某一时刻认为，自己将因此受益。他们当中的大多数都曾偷偷舔着嘴唇，为即将到来的巨大利益垂涎三尺。很多人还幸灾乐祸、扬扬得意，认为自己才是引人上钩的聪明人。

我自己被骗上钩时，是否也会这样？

没错，当然会。

被某人骗得上了钩，那不正是我会做的事嘛！

每当我想紧紧抓住任何听起来不错的承诺时，都会成为"被钓上钩的那个"。

"钓上钩"，这听起来甚至像句玩笑话。

可不是吗？"上钩"这两个字多形象。你吞下诱饵，得到那条看似诱人的虫子，或者某样更好的东西，比如一只亮晶晶的、很有吸引力的塑料苍蝇。

因为吞了饵，我被钓上钩。那"钓"的那方，会是怎样呢？什么样的饵，最能诱惑我？

承诺永恒的爱。

幻想自己被完全接受。

想要别人的赞美和认可。

想成为第一个见识某物的人。

虚荣地想超越他人。

想变成自己梦寐以求的模样。

想有一个人永远无条件地站在我这边。

还有许许多多别的愿望。

很多！

我发现，随着时间的推移，经验和成长会教我把吞得最快的那些饵吐出来。可是，留下的伤疤怎么办？

"伤疤怎么办，矮胖子？"我问，"伤疤怎么办？你教我拒绝死掉或腐烂的虫子。你不断向我指出哪些苍蝇是塑料做的，让我最终得以逃脱那些钩子。但我觉得，你没教过我如何避免受伤。像我这样信任他人的人，似乎注定此生要被曾经咬住和并未吞下的那些饵伤害，最终落得满身伤痕。矮胖子，我只是不想不断受伤而已。我拒绝把伤害或治愈我的决定权交到他人手里。我不想……"

"德米安，这是代价。这是你要付出的代价。还记得《小王子》里的玫瑰花吗？"

"嗯。我知道你要说什么：美丽的蝴蝶，一开始也是只毛毛虫。"

"没错。"豪尔赫肯定道。

我默默地坐在那儿，在痛苦、愤慨、顺从和无力中仔细琢磨这个问题。

然后，我反驳道："我还是认为，撒谎者得到太多好处，付出的代价却极小。"

"有时是，有时不是。"矮胖子道，"谎言有很多弊端。不管怎样，最大的弊端便是'没用'。迟早，所有谎言都会暴露，靠撒谎得来的一切，都将如太阳出来后的雾气般蒸发。更重要的是：生活有时是公平的，撒谎者终会因欺骗而自食恶果。"

豪尔赫半眯起眼，开始回忆。

"又要讲故事了吗？"我寻思着。

"讲个故事吧。"

农夫连子死后，他的妻子祖米、大儿子小林和另外两个小一点儿的孩子，都陷入了赤贫。

他是一家之主，生前每天都在老陈家的稻田里从早干到晚。

他的大部分收入都用来买米了。仅剩的一些硬币，勉强够满足一家人的基本需求。为小林和他的兄弟姐妹支付上学和课本的钱，就是这个家最大的一笔开销。

去世的那天，连子依旧如往常一样，黎明时便离开了家。去稻田的路上，他听见一个老头在呼救。那老头被一股强劲的水流卷进了河中。

连子发现，那老头是雇他干活的地主老陈。

他向来算不上游泳好手。哪怕极擅游泳的人也只敢独自下河，更别提还要努力从中救出一个老头。

连子四下打量了一番，但这时候根本没有其他人经过。跑去找人帮忙，来回怎么也得半个多小时。

几乎出于本能，连子深吸了口气，跳进河里。

他刚碰到老头，就也被激流卷走了。

两具抱在一起的尸体顺流而下，漂出好几公里。

或许老头的子女们把父亲的死怪到了连子头上，也可能是因为小林还太年轻，没法下地干活。也可能如他们所说，田里其实没那么多活要干。总之，老头的子女拒绝让小林接替他父亲的工作。

小林据理力争。

首先，他说自己已经十三岁，完全能胜任那份工作。然后，他说那是父亲传给他的工作。接着，他说自己心灵手巧，干活卖力。见这些话都不奏效，小林哀求他们看在家里急需用钱的分上，给他这份工作。

小林的争辩都失败了，对方请他离开。

小林勃然大怒，提高嗓门，大声讲述父亲的牺牲，还说起剥削、权利、负担和诉讼之类的东西。

混乱中，小林被强行推出门外，赶到尘土飞扬的大路上。

从那时候起，一家人便只能有的吃就吃，靠小林偶尔接到的短工和母亲为别人洗衣、补衣挣来的钱过活。

一天，跟之前的每一天一样，小林照常去田里求活干。跟之前的每一天一样，他们还是告诉他没活。

小林垂头丧气地走了，一路盯着地面和自己的破凉鞋。

他边走边踢石子，想借此缓解心中的痛苦。

突然，他踢到的某样东西传来不同的声响。于是，他四下寻找起来。

那不是石子，而是个小皮袋。袋子用绳子系好，表面满是灰尘。

小林又踢了它一脚。

不是空的。袋子在泥地上滚了几圈，带起一阵美妙的声响。

小林一连踢了几小时皮袋，觉得那声音真是好听极了。

终于，他捡起袋子，把它打开了。

里面是一堆银币。好多银币！他这辈子都没见过这么多银币。

他数了一遍。

一共十五枚。整整十五枚漂亮、崭新、闪闪发光的银币。

这些银币是他的。

是他在地上捡的。

他踢了它们好几个小时。

是他打开了袋子。

毫无疑问，它们就是他的。

现在，妈妈终于可以不用干活，兄弟姐妹们也可以返回学校，一家人每天都能想吃什么就吃什么了！

他跑到镇上买了几样东西。

他满载而归地回了家，不仅买了食物，还给兄弟姐妹买了玩具和御寒的毯子，给妈妈买了两条来自印度的漂亮裙子。

一家人为他的到来欢欣鼓舞。他们全饿了，谁都没问那些食物从何而来。

吃过晚饭，小林把礼物分给大家。

孩子们玩累了都上床睡觉后，祖米示意小林坐到自己身边。

小林已经知道妈妈想问什么。

"你肯定不会以为这些是我偷的吧？"小林说。

"没人会免费给你这些东西。"妈妈回答。

"嗯，没人会免费给别人东西。"小林赞同道，"是我买的。都是我买的。"

"小林，你哪儿来的钱？"

于是，小林告诉妈妈自己捡到了一小袋银币。

"小林，儿子，那些钱不是你的。"祖米说。

"什么叫不是我的，"小林抗议道，"是我发现的。"

"儿子，你捡到它，就意味着有人丢了它。丢钱的那个人，才是这笔钱真正的主人。"妈妈说。

"不，"小林道，"无论是谁丢的，丢了就是丢了。无论是谁捡的，捡到了就是捡到了。是我发现了它。它要是没有主人，那我就是它的主人。"

"好吧，儿子，"妈妈终于同意，"如果它没有主人，那它就是你的。但如果它有，你就必须物归原主。"

"不，妈妈。"

"听话，小林。想想你爸爸，想想他会怎么说。"

小林垂下头，闷闷不乐地点点头。

"那我已经花掉的钱怎么办？"小林问。

"你花了多少？"

"两枚银币。"

"我们会想出办法偿还的。"祖米说，"现在，去镇上问问谁丢了一个小皮袋。从你发现它的地方开始问。"

小林再次垂着头，一边哀叹倒霉，一边出发了。只不过，这次他是从家里往外走。

到了镇上，他去了刚才那片田，问工头是否有人丢了什么东西。

工头说不知道，但对他说自己可以帮忙问问。

不一会儿，老陈的大儿子、水田的现任主人过来了。

"是你拿了我那袋银币？"他质问道。

"不是，老爷。钱袋是我在地上捡的。"小林回答。

"立刻把它给我！"他吼道。

小林从衣服里掏出钱袋，递给他。

男人把钱倒在掌心，数了起来。

年轻人抢先说："陈老爷，您瞧，只少了两枚。我能挣钱，挣够了就还您。或者，我也可以做工抵债。"

"十三！十三！"男人吼道，"少的钱去哪儿了？"

"老爷，我不是刚刚才告诉您吗？"小林道，"我不知道钱袋是您的，但我会还钱的。"

"小偷！"男人打断他，"小偷！让我来教教你，不能拿不属于你的东西！"他怒气冲冲地嚷道："我来教教你！

我来教教你!"

小林转身回家,不知道自己是生气更多,还是绝望更多。

到家后,他把事情经过告诉祖米。祖米安慰道:"我去找那人谈谈,解决这事。我保证。"

然而,第二天,法官的使者带着法庭传票来传唤小林和祖米。有人控告他们从一个钱袋偷走了十七枚银币。

十七枚!

陈地主在法官面前赌咒发誓地说,钱袋是从他的桌上不翼而飞的。

"就是小林来找活干的那天,"陈地主宣称,"第二天,这个小贼又来了,说他'找到'一个钱袋,还问是否有人'丢了它'。无耻!"

"陈老爷,请继续。"法官道。

"我当然说钱袋是我的。他一还回来,我就立刻数了一遍,证实了我的怀疑:钱少了。少了整整十七枚银币啊!"

法官认真听完,然后看向满脸窘迫却一声也不敢吭的小林。

"小林,你怎么说?这可是项相当严重的指控。"法官对他道。

"法官大人,我什么都没偷。我在地上发现那个钱袋，并不知道它是陈老爷的。我的确打开了钱袋，也拿了些钱为兄弟姐妹们买食物和玩具。但我只花了两枚银币，不是十七枚啊。"年轻人抽噎道，"我如何能从本就只有十五枚银币的钱袋里拿走十七枚银币？我只拿了两枚啊，法官大人，只拿了两枚！"

"我来瞧瞧，"法官说，"小林把钱袋还给你时，袋子里有多少枚银币？"

"十三。"原告答道。

"十三。"小林赞同道。

"你丢钱包时，里头有多少枚银币？"法官问。

"三十枚，法官大人。"男人回答。

"不，不是，"小林插嘴道，"里面只有十五枚银币。我发誓，我发誓！"

"你也能发誓，"法官问稻田主人，"钱袋还在你桌上时，里面有三十枚银币吗？"

"当然，法官大人，"他说，"我发誓！"

祖米怯怯地举起一只手，法官示意她说话。

"法官大人，"祖米道，"我儿子还是个孩子。我承认，他在这事上犯的错不止一个，但我可以向您担保一点：小林不会撒谎。他如果说只花了两枚银币，那就是只花了两枚。他如果说找到钱袋时里面只有十五枚银币，那就肯定只有十五枚。法官大人，或许在他之前，

221

也有人见到那个钱袋……"

"够了，"法官打断她，"判断局势并做出公正裁决是我的工作，不是你的。你想说话，我已经让你开口了。现在请坐下，等待我的裁决。"

"听听，听听，法官大人，裁决。我们要公平。"原告嚷道。

法官示意助手鸣锣，表示他即将给出判决。

"原告和被告，尽管一开始情况不明，但现在已经清楚，"法官开口道，"陈老爷发誓，说他丢了一个装有三十枚银币的钱袋，我没有理由表示怀疑……"

男人瞪着小林和祖米，露出得意的坏笑。

"但是，小林也向我保证，他捡到的钱袋里只有十五枚银币，"法官继续道，"我也没有理由怀疑他的话。"

庭上一片寂静。法官继续道："因此，本庭认为：被找到并归还的那个钱袋显然不是陈老爷丢的那个，所以被告无罪。不过，既然原告上诉，那日后谁若捡到一个装着三十枚银币的钱袋，可以将其还给陈老爷。"

法官看着小林充满感激的双眼，笑了。

"年轻人，至于这个钱袋……"

"法官大人，"小林结结巴巴地说，"我承认自己有责任，我已经准备好为自己的错误付出代价。"

"肃静！我要说的是：至于这个装着十五枚银币的钱

袋，我必须承认，目前还没人来挂失。"他边说，边用余光瞥了眼陈老爷，"看样子以后也不会有。因此，我认为它可以归捡到者所有。鉴于这钱包是你捡到的，所以它归你了。"

"但是，法官大人……"陈老爷开口道。

"法官大人……"小林想说话。

"法官大人……"祖米也想开口。

"肃静！"法官命令道，"结案！现在，所有人都出去吧！"

在助手的又一次鸣锣中，法官起身，飞快地走掉了。

真相商店

SHOP

"豪尔赫，跟我说说吧。似乎大多数人都认为：几乎人人都需要心理治疗。我知道，你不同意这种说法，甚至认为不加选择的心理疗法毫无必要。但现在，我很想知道：是否任何人都可以从某种心理疗法中获益。"

"是的。"

"任何人都能？"

"换句话说吧：对任何想从中获益的人来说，心理疗法都是有用的。"

"但怎么会有不想从中获益的人？"

"安东尼·德·梅勒[1]讲过一个绝妙的故事。我想，它或许能帮助我们解决这个问题……"

1　安东尼·德·梅勒：1931 年生于印度，知名的心灵导师，擅长将东方古老智慧与西方心理学和哲学相结合。

一个男人在省城一条小街上徘徊。他有的是时间，所以每经过一扇橱窗、一间商店和一座广场，他都会驻足片刻。转过一个街角后，他突然发现面前有个带白色雨篷的店。他真是从没见过如此寒酸的店，于是好奇地走到铺面橱窗前，把脸贴到玻璃上，朝昏暗的店内张望。他只能看见店里竖了块手写的牌子：

真相商店

男人大吃一惊，觉得这肯定是瞎编的名字。这家店到底卖什么呢？

他走了进去。

走到第一个柜台前，他问站在那儿的女人："请问……这是间真相商店吗？"

"是的，先生。你想寻找哪种真相？部分的、相对的、统计角度的，还是整体性的？"

这么说，他们真的卖真相。他从没想过竟然还有这种事。能走进一个地方，然后带着真相走出去，真是件奇妙的事。

"要全部真相。"男人不假思索地回答。

他想：我已经受够了谎言和捏造的东西。我不想再要任何的一概而论、借口、欺骗和诡计了。

"全部真相！"他再次重申。

"好的，先生。请跟我来。"

女人将他带到店内的另一片区域，指着一位满脸严肃的绅士，对他说："那位先生会帮助您。"

那名店员迎上前来，等着男人开口。

"我来买全部真相。"

"嗯……抱歉，但您清楚要为此付出什么代价吗？"

"不清楚，什么代价？"他例行公事地问道。其实，他愿意为此付出任何代价。

"如果您知道了全部真相，"店员道，"您将再也无法平静。这就是代价。"

一股凉意蹿过后背。他从未想过代价竟如此之高。

"谢……谢谢你，抱歉。"他结结巴巴地说，然后便盯着地板，转身出了商店。

发现自己依然没有准备好接受绝对的真相，他有点儿悲伤。他仍然需要一些谎言，以找到平静；他需要一些神话和理想化的概念，以寻求庇护；他也需要一些借口，让自己不必非要直面自我。

他想：或许，有一天我能……

"德米安，对我有用的东西，不一定也对其他人有用。或许，某人会觉得某个好处的代价太高。别人若真这么想，也无可厚非。

每个人都可以自己决定他们想为什么东西付出何种代价，这点完全可以接受。而且，人人都可以选择合适的时间，接受这个世界提供的东西。无论那东西是真相，还是别的什么'好处'。这一切都合乎逻辑。"

我无言以对。

接着，豪尔赫补充道："有句阿拉伯谚语是这么说的：

"要接收一批哈尔瓦[1]，

"你最需要的是有一个地方来存放它。"

……真相和知识也是如此。

---

1 哈尔瓦：一种由碎芝麻和蜜糖等混合而成的甜食，原产于土耳其。

问题

治疗开始后，我又感到一种难以忍受的气氛。以下几种情况，也会出现这种糟糕的氛围：一、我走进诊疗室，却不知道说什么，于是闭口不言；二、我知道自己想说什么，却没说；三、尽管我知道最好别进去，却还是进去了；四、矮胖子不想说话，于是他没有给我任何帮助；五、矮胖子想说话，却没说……

每当此时，治疗就会陷入沉默。

变得压抑，

变得无聊。

"昨天，我写了点儿东西。"终于，我对矮胖子道。

"是吗？"

我想：这回答可真够简短的。

"是。"我的回应甚至更短。

"然后呢？"他问。

真是快把我逼疯了。

"叫《问题》，但它们其实不算真正的问题。"

"那你打算拿那些不算真正问题的'问题'干什么？"

"我想现在读给你听听。昨晚把它们写出来后，我就没再读过。我知道自己不是在寻找答案，所以我也不想要你做出什么回应，你只需要听就行。我的意思是说：它们是想法，而非问题。"

"我明白。"矮胖子说，做好了倾听的准备。

这很难，不是吗？

几乎不可能？

或者，完全不可能？

你如何活得与众不同？

在煎熬中生活，有何意义？

但如果你是清醒的，或至少是理性的，那有可能换种活法吗？

如果不行，那我干吗费劲疗愈自我？

我到底在治疗中做了什么？

心理治疗师到底有什么用？就是头脑混乱的人因为自身痛苦而应该去找的人吗？

我到底在寻找什么？

所以，我做的事不过是用一种痛苦换取另一种痛苦。而这种交换，甚至无法提供几乎能被所有人分享的安慰？

什么是心理治疗？一座专属于被选中的少数人的巨大挫折工厂？

一个施虐狂的教派？发明先进、高端又老练的折磨手段之人？

忍受现实的痛苦，真比在无知的虚构世界里享乐更好吗？

完全意识到自身孤独和自我存在应尽的义务，到底有什么好？

接受"你永远不能对任何人有所期待"这个事实，到底有什么好？

如果真实世界是一坨屎、真实的人都是垃圾、我们生活的真实环境不过一场噩梦，那我们把屎抹在自己身上，在人类的垃圾中畅游，是否就能得到救赎？

真的有一种信仰可以在另一个世界提供安慰，以弥补在现世无法得到的东西吗？

真的有一个至高无上的存在吗？如果我们表现好，就真的能得其眷顾吗？

循规蹈矩，难道不比做自己更容易？

接受人人认可的善恶概念，不是更简单方便？

或者至少该像其他每个人那样，拿出一副你也盲目信任那个概念的样子？

当巫师、魔术师、魔法师和信仰疗法的术士[1]试图用信仰和魔法治疗我们时，他们真是对的吗？

那些相信人类大脑有无穷力量，可以控制外部事件和情况的人，真是对的吗？

有没有这样一种可能：我之外其实空无一物，我的生活只是我的创造性思维虚构出来的一场短暂噩梦，这场噩梦中有物、有人，也有各种事件？

谁能真的相信：我们生存的世界就是唯一的世界？

既然如此，了解更多类似的可能性有何好处？

其他人有何义务，非得理解我？

其他人有何义务，非得接受我？

其他人有何义务，非得听我说话？

其他人有何义务，非得认可我？

其他人有何义务，一定不能对我撒谎？

其他人有何义务，非得考虑我？

其他人有何义务，非得以我想要的方式来爱我？

其他人有何义务，非得爱我爱到我想要的深度？

其他人有何义务，非爱我不可？

其他人有何义务，非得尊重我？

其他人有何义务，非得知道我的存在？

1　信仰疗法的术士：指用祈祷或魔术等方式治病的人。

如果没人知道我的存在，那我干吗存在？

如果离开他人，我的存在就毫无意义，那我干吗不牺牲所有（没错，牺牲所有），就为获得"让自己的存在变得有意义"的可能性呢？

如果从生到死的路注定是孤独的，为何还要自我欺骗，假装我们都能找到同伴？

矮胖子清了清喉咙。

"看来，昨晚你相当难受哪。"

"是啊，"我说，"惨淡，十分惨淡。"

我的治疗师张开双臂，示意我过去抱抱他。

我照做了。豪尔赫就像抱孩子般抱住了我。

我感觉到矮胖子温暖的爱。那次治疗剩下的时间，我就默默地坐着沉思……

种枣椰树的人

"嗯，你教给我的一切似乎都很真实。而且，我当然很想相信真能以这种方式生活。然而，我觉得你对生活的看法，不过是一种漂亮的理论，根本无法应用到日常生活中。"

"我可不这么想……"

"你当然不这么想！你不这么想，是因为生活对你而言，或许比对其他任何人更容易。你已经围绕自己创造出一套生活方式，所以你如今的日子简单又轻松。但我和几乎其他所有人，还生活在一个平凡乏味的世界中。我们不可能为了体验你的生活方式，就按要求把每件事都尝试一遍。"

"德米安，其实我跟你一样，也是真实世界中的人。我跟其他所有人一样，也住在这个平凡乏味的星球上，同你认识的那些普通人一起生活……没错，我的确比大多数人过得好一点点，但我要向你说明两件事：第一，实现这一切，付出的代价并不小。我不仅付出了大量精力和心血，还经受了很多痛苦，承担了不少损失。第二，这事不能一蹴而就，需要经历一段过程。我是说，要改变必须改变的、确保我想建立的一切不会坍塌、踏上那些必经之路，都需要很长时间。这些并非自然而然的事，也肯定无法一夜之间就达成。"

"可以想象。但至少你知道，那条路的尽头，就是你如今享用的'奖赏'。"

"并非如此。这样的话，你岂不是又在分析过程中陷入另一种偏见？我从未保证最终会有任何形式的奖赏，从来都没有。相反，我要说，我选中这条路，还走了这么久，不过是赌一把而已。我赌自己会得到一个结果。但事实上，这个结果还没出现。"

"你说'没出现'，是什么意思？"

"德米安，我依然有很多工作要做。而且，无论能活多久，我也觉得自己这辈子都无法享受完全的圆满。换句话说：我还是享受完全没有期待的生活，享受完全接受现实的心态吧……"

"你是在跟我说：哪怕永远无法彻底享受人生，你也要这般全心全意地投入吗？"

"嗯。"

"你疯了。"

"没错。但你很幸运，我是个会讲故事的疯子，而且现在就要给你讲一个。"

世界上最遥远的沙漠里，藏着一片最难抵达的绿洲。一个名叫埃利亚胡的老人正跪在那儿。他周围都是枣椰树[1]。

老人的邻居哈基姆是位富商。他在绿洲停下，给自己的骆驼喂水，瞧见埃利亚胡正在挥汗如雨地掘沙地。

"老人家，你怎么样啊？愿你平安。"

"也愿你平安。"埃利亚胡应了声，继续干活。

"这么热的天，你拿着铲子在这儿挖什么呀？"

"我在种树。"老人回答。

"埃利亚胡，你种的是什么树？"

"枣椰树！"埃利亚胡指了指周围的小枣椰树。

"枣椰树！"富商同情地闭了闭眼，仿佛听到这世上最愚蠢的事，"朋友，你被太阳晒傻了吧。快别干啦，跟我去店里喝杯酒吧。"

"不，我必须种完。之后你若还愿意我们就去喝一杯。"

"朋友，你今年多大年纪了？"

"不知道。六十，七十，八十……我也不知道。记不清啦。但那有什么关系？"

"听着，朋友。枣椰树五十多年长成，之后才能结果。我倒不是希望你生病，但要知道，就算上帝让你活到一百岁，你也几乎不可能从现在种下的这些树上摘到

---

1 枣椰树：别名海枣，为棕榈科刺葵属乔木，原产于西亚和北非。该树耐旱、耐碱、耐热，喜欢潮湿。树龄可达百年。

果实呀。别种了，快跟我走吧。"

"瞧，哈基姆，我已经吃到前人种出的枣子，那人也没法吃到自己亲手种出的枣。我今天种下这些树，后人就能吃到它们结出的果实。哪怕只是为了纪念之前那个种树的陌生人，也值得我干完这些活。"

"你真是给我上了重要的一课。这袋钱币就给你，作为酬谢吧。"说着，哈基姆把一个皮钱袋放进老人手里。

"朋友，谢谢你的钱币。瞧，有时就是会发生这样的事：你刚预测了我无法收获自己播种的东西。虽然这话似乎没错，但你瞧，我甚至没种完，就已经收获一袋钱币和一位朋友的感激。"

"老人家，你的智慧真令我惊讶。这是你今天给我上的第二课。这一课或许比之前的更重要。请允许我为这堂课再付你一袋钱币。"

"有时，的确会有这种事，"老人伸出手，看着那两袋钱币，继续道，"我并非为了收获而播种。我还没播完种，就得到了收获，还得到两次。"

"够了，老人家，别再说了。你若继续教导，我怕就算拿出全部财产，也不够报答你了。"

"明白了吧，德米安？"矮胖子问道。

"明白了，懂的比故事里讲的还多！"我答道。

自我憎恶

治疗接近尾声时,矮胖子给了我一个封好的信封。信封上写着:"给德米安。"

"这是什么?"我问。

"给你的。几个月前我就写好了。"

"几个月前?"

"嗯。其实,你来找我后没几周,我就有了这个想法。当时,我正在读美国诗人利奥·布思[1]的诗。诗歌开篇,正好是你即将读到的话。我读诗时,脑中浮现出你的身影,耳边也回想起我们第一次治疗时你说的那些话。于是,我坐下来,改写了这首诗的后半部分。就在这儿,给你。"

"你为何现在才给我?"

"因为,我觉得你之前读不懂。"

---

1 利奥·布思:1946 年出生于英国,后移居美国。作家、演讲者,曾是圣公会牧师。

于是，我读了起来。

肾上腺素在你父母血管里流动，
让他们共赴巫山，孕育出你时，
我便在那里。
你还在母亲子宫里游弋时，
我也在那里。

我到时，
你还不会说话，
也听不懂别人的话。
你在众人的嘲弄中，
笨拙地迈开第一步时，
我就在那里。
你无人保护，脆弱无依，亟需帮助时，
我也在那里。

我带着魔法、咒语和迷信，
也带着物神[1]和护身符，
出现在你的生活里。

---

1 物神：拜物教的崇拜对象，被视为具有神秘能力的自然物或人造物。

我还带来了良好的礼仪、习俗和传统，
带来了你的老师、兄弟和朋友。

你还没意识到我的存在，
我已在你的灵魂中辟出两个世界——
一个光明，一个黑暗。
一个正确，一个谬误。

我给你带来了羞耻感，
也让你看见内心的所有缺陷——
一切丑陋的、
愚蠢的、
不快的。
我给你贴上"异类"标签，
第一次附在你耳边，
低声说：
你心中有些东西，
不太对劲。

我早就存在，
早于意识，
早于罪恶感，

也早于道德。

我比时间之始更早。

亚当惊觉自身的裸露，

羞耻地遮蔽身体前，

我便在那里。

我是不速之客，

并不受欢迎。

但我第一个到来，

并将最后一个离开。

渐渐地，我强大了。

因为，

我听从了你父母

关于如何成功的建议。

我遵守你们的教义，

告诉你什么该做、什么不该做，

好让上帝以后接纳你。

同学们嘲笑你的困境时，

我忍受他们残酷的笑话，

也忍受你那些上司的羞辱。

我盯着你在镜中不甚优雅的身形，

拿它去跟你在电视上看到的明星们比。

现在，终于，

强大如我，

因为一个简单的事实——

生为女人，

或为黑人、

犹太人、

残疾人，

高、矮、胖……

我就能将你变成

一堆垃圾、

渣滓、

替罪羊，

一个被指责、被同情、被抛弃的——

杂种。

一代又一代男男女女，

都支持我。

你摆脱不了我。

我造成的悲伤如此难以承受，

若想挺住，

你就得将我传给你的孩子们。

他们也会把我传给他们的孩子，

如此传递，永无止境。
为了帮助你和你的后代，
我会伪装成完美、
崇高的理想，
自我批判精神，
爱国主义，
道德礼仪，
得体的举止
和自制力。

我带来的悲伤如此强烈，
于是，你拼命拒绝我。
为此，
你也会用
吸毒、
拼命挣钱、
患上神经官能症、
性滥交，
来努力成为另外一个人。
但无论你做什么，
不管你逃去哪里，
都无所谓。

不管怎样，

我都在那里。

因为无论白天还是黑夜，

我都孜孜不倦、

永无止境地，

跟着你。

依赖、

占有、

挣扎、

道德败坏、

恐惧、

暴力、

犯罪、

疯狂，

这一切的主因，

都是我。

我将教会你害怕被拒绝，

并让你适应这种恐惧。

你得靠我，才能继续像今天这样

备受欢迎，

收获喜爱与掌声。

你得靠我，

因为我是你藏身的箱子，

容纳了你最不喜欢，

觉得最荒唐可笑、

最想抛弃的——自我。

因为我，

你学会了

无论生活给予什么，

都欣然接受。

因为，

你的所有经历，

都将比预期，

给予你更多。

你已经猜到了，对吗？

我就是，自我憎恶。

我就是……你对自己的憎恶之感。

记住我们的故事。

它始于一个灰色的日子，

你不再骄傲地说出：

"我就是这样！"

并且在恐惧和忸怩中

低下头。

改变言行，

大声说出——

"我应该换种活法。"

"你说得对，"我附和道，"我之前的确读不懂这个。"

"德米安，我之所以现在把它给你，也是因为不希望治疗都结束了，你还没得到它。"

"你这是在赶我走了？"我问道。我经常这么问。

豪尔赫犹豫了。认识他以来，我还是第一次见他犹豫。

"我想是的。"他低声道。

矮胖子眨眨眼，笑了笑，摸摸我的脸。

"德米安，我非常爱你。"

"我也非常爱你，矮胖子。"

我没再说话，站了起来。

我上前吻了吻豪尔赫的脸，给了他一个久久的拥抱。

然后，我出门了。

出于某种原因，我觉得：就在这天下午，我的人生开始了……

后记

好啦，就是这样。

过去的几个月里，我一直试着跟你分享一些故事，一些我会讲给所爱之人听的故事。

有些故事，照亮了我人生之路中的黑暗路段。我经常发现，它们非常有用。

有些故事，让我更接近从过去到现在，我一直钦佩的智者们。

我喜欢、欣赏这些故事，从中得到的东西也越来越多。

这是一本故事集，当然会以一个故事作为结尾。这个故事就叫《隐藏的宝石》，改编自艾萨克·洛布·佩雷茨[1]的一则短篇小说。

在一个遥远的国家，住着一个农民。

---

1 艾萨克·洛布·佩雷茨（1852—1915）：波兰作家，主要用意第绪语写作，著有诗、短篇小说、戏剧、幽默小品等，领导意第绪语运动，为提高意第绪语文学水平做出贡献。

他有一小片种着谷物的地，还有个曾经作为果园的小院子。如今，他妻子在那个小院子里种了些蔬菜。她悉心照料那些菜，好补贴一下微薄的家庭收入。

一天，农民正在田里拼命拉犁，就看到一大块沃土间有什么东西闪闪发光。他不可置信地走过去捡起那东西。它看起来就像一大片玻璃，在阳光下亮得耀眼。他觉得这是块珍贵的石头，肯定价值不菲。

一时间，他开始幻想若卖掉它，自己能做什么。但随即他又觉得，既然这块石头是上天给的，那就得小心呵护，只有遇到紧急情况才可动用。

农民干完活，带着那块石头回家了。

他不敢把石头搁在家里，天黑后便走进花园，在一片西红柿间挖了个洞，把这颗耀眼的宝石埋了进去。然后，他往那个地方放了块淡黄色的石头作标记，以免之后找不着。

第二天，农民叫来妻子，给她看了那块石头，告诉她那东西无论如何都不能挪动。妻子问为何非得在她的西红柿地里放块奇怪的石头，农民怕她担心，没敢说实话，只道："这是块非常特别的石头。只要和西红柿一起待在那儿，我们就会有好运。"

虽然认为丈夫已陷入狂热的迷信，妻子却没有出言反驳，只是想办法绕着那块石头种西红柿。

这对夫妻有一儿一女两个孩子。一天，十岁的女儿向妈妈问起花园里的那块石头。

"它会带来幸运。"妈妈说。

女孩儿接受了这种说法。

一天早晨，女孩儿出门上学。因为这天要考试，所以她走进西红柿地，摸了摸那块黄色的石头。

或许是偶然，也可能因为上学时更有信心，她考得很好。因此，她坚信那是块"有力量"的石头。

那天下午，女孩儿回家时，也带回一块淡黄色的石头。她把石头放在之前的石头旁。

"这是什么？"妈妈问。

"如果一块石头能带来好运，那两块肯定能带来双倍好运。"

从那天起，女孩儿每次找到那样的石头，都会带回家，跟其他石头放在一起。

或许是想跟女儿玩这个秘密游戏，也可能想分点儿好运，没过多久，妈妈也开始带回石头，放在女儿的那些石头旁。

于是，男孩儿便在这则石头的传说中长大。从很小的时候起，他便学会了要在花园里放淡黄色的石头。

一天，男孩儿带回一块淡绿色的石头，放在那堆石头旁。

"年轻人，这是什么意思？"妈妈责备道。

"我觉得，若加点儿绿色，这堆石头会更漂亮。"男孩儿解释道。

"儿子，其实它们并不会变得更漂亮。把那块石头拿走。"

"可我为什么不能把这块绿色的石头跟它们放到一起？"男孩儿向来叛逆，很想知道答案。

"因为……呃……"妈妈支支吾吾，说不出理由。她也不知道为何只有淡黄色的石头才是幸运石，她只记得丈夫说："把这样的石头跟西红柿放在一起，就能带来幸运。"

"但为什么呢，妈妈，为什么？"

"因为……只有附近没有其他颜色的石头，黄色石头才能带来幸运。"

"不可能，"男孩儿质疑道，"跟其他石头放在一起，它们为何就不能带来幸运？"

"因为……呃……幸运石很善妒。"

"善妒？"小男孩儿重复了一遍，嘲笑道，"善妒的石头？太荒谬了！"

"听着，我也不知道为什么。你要想知道更多，就去问你爸。"妈妈回答。然后，她还没拿走儿子带回来的浅绿色石头，就回去干活了。

那天夜里，男孩儿等到很晚，爸爸才从田里回来。

"爸爸，淡黄色石头为什么能带来好运？"爸爸一进来，男孩儿就问道，"为什么绿石头不行？为什么如果旁边放了块绿石头，那些黄石头带来的好运就会减少？而且，为什么非得把石头放在西红柿中间，它们才能带来好运？"

要不是爸爸抬手阻止，哪怕得不到任何回答，他也会没完没了地问下去。

"儿子，明天我们一起去田里，我会回答你所有的问题。"

"可我为什么非得等到明天……"儿子继续发问。

"明天，儿子，明天再说。"爸爸打断他。

第二天一大早，屋里所有人都还在睡觉，爸爸轻轻叫醒儿子，帮他穿好衣服，把他带到田里。

"瞧，儿子，我之所以直到现在才告诉你，是觉得你还没准备好接受真相。但今天，我觉得你已经长大，是个年轻小伙儿啦。你可以知道某些事，也能在必要时保守秘密。"

"爸爸，什么秘密？"

"我这就告诉你。西红柿地里的所有石头，都是为了标记花园里的某个地方。那些石头下，埋着一颗珍贵的宝石。那颗宝石是我们家的财富。我不想让别人知道，免得他们不安。今天，我把咱家的这个秘密告诉你，它就成了你的责任啦。将来，你也会有自己的孩子。总有一天，你也得把这个秘密告知其中的某一个。到时候，就把你儿子带到离家比较远的地方，再像我今天告诉你一样，告诉他隐藏宝石的事。"

爸爸亲了亲儿子的脸颊，继续道："保守秘密，也意味着要在时机成熟时，将它告知某个能够继续守护它的人。在那之前，无论你选择的是黄色、绿色，还是蓝色的石头，你都必须让其他每个家庭成员对它坚信不疑。"

"爸爸，你可以信任我。"男孩儿说着，又站直了些，整个人显得更高了。

多年过去，老农去世了，男孩儿也长大了，有了自己的孩子。他所有的孩子中，也只有一个知道宝石的秘密。其他所有人，都相信黄石头能带来好运。

一年又一年，一代又一代，这家人一直往花园里堆石头，如今已经在那儿垒起一座淡黄色的石山。全家人崇敬石山，都把它当作绝对可靠的护身符。

每一代人中，只有一个儿子或女儿有机会知道那颗宝石的秘密。其他所有人，都只是单纯地崇拜那些石头而已……

终于，一天，不知为何，那个秘密失传了。

或许是某位父亲突然离世，或者是某个儿子不再相信自己听到的话。不管怎样，从此以后，有人继续相信那些石头的价值，也有人开始质疑这项古老的传统。然而，再也没人记得那颗被藏起来的宝石……

你在本书中读到的这些故事，就是几块石头而已。
绿石头，
黄石头，
红石头。
这些故事被写出来，
只是为了标记一条路，
或一处地方。

探索研究，
挖掘每个故事的深度，
找到那颗被藏起来的宝石……
是只有你，
才能完成的事。

故事来源

《被锁住的大象》：作者原创。

《乳房或乳汁》：作者改编自民间谚语。

《飞回的砖头》：作者原创。

《戒指的真实价值》：西班牙犹太人流传的故事。

《狂躁的国王》：作者改编自米拉瓜努（Miraguano）编《西藏故事和传说》（*Cuentos y leyendas del Tíbet*）中的一篇西藏民间故事，东方出版社。

《奶油里的青蛙》：作者改编自马梅尔托·梅纳帕切（Mamerto Menapace）的《流传故事集》（*Cuentos Rodados*），帕特里亚格兰德出版社。

《自以为死了的人》：作者改编自一则俄罗斯传统故事。

《妓院门房》：出自马丁·布伯（Martin Buber）引用的一则古老的《塔木德》故事。

《小两码的鞋》：作者原创。

《七号木匠铺》：作者改编自马梅尔托·梅纳帕切（Mamerto Menapace）的《路边铁匠铺》（*Entre el brocal y la fragua*），帕特里

亚格兰德出版社。

《哪种疗法？》：作者原创。

《占有欲》：作者原创。

《宝藏》：来源于马丁·布伯（Martin Buber）所著的《塔木德故事》，海梅德出版社。

《一瓶酒》：改编自胡安·曼努埃尔（Don Juan Manuel）的《卢卡诺伯爵》（*Conde Lucanor*），西语美洲出版社。

《聋妻》：作者改编自J.马罗内（J. Marrone）的流行幽默故事。

《翅膀》：作者原创。

《过河》：出自S.苏密（S. Sumish）所著《公案话本》（*El Koan*）里的一则禅宗故事。

《寻找佛陀》：作者改编自马梅尔托·梅纳帕切（Mamerto Menapace）的《流行故事集》（*Cuentos Rodados*），帕特里亚格兰德出版社。

《一意孤行的樵夫》：来自阿韦拉多·博勒加德（Abelardo Beauregrad）《激励胶囊》（*Cápsulas motivacionales*），戴安娜出版社。

《母鸡与小鸭》：来自雷纳·特罗塞罗（René Trossero）《路人的智慧》（*La sabiduría delcaminante*），伯纳姆出版社。

《可怜的羊》：作者改编自阿根廷民间传说。

《怀孕的锅》：改编自A. H. D. 哈卡（A. H.D. Halka）在《不可思议的纳斯鲁丁》（*Las ocurrencias del increíble Mulá Nasrudín*）中讲述的故事。

《爱的模样》：作者改编自法国民间故事。

《翁布树的嫩枝》：改编自雷纳·特罗塞罗（René Trossero）《路人的智慧》（*La sabiduría del caminante*），伯纳姆出版社。

《迷宫》：作者原创。

《九九圈》：来自奥绍（Osho）在有声书《三样宝物》（*Los tres tesoros*）中的一个想法。

《半人马》：作者改编自某阿根廷作家的一篇儿童故事。

《第欧根尼的两个故事》：取自《希腊神话与传说》（*Mitos y leyendas*）中的传统故事，希腊出版社。

《时钟停在七点》：作者改编自乔万尼·帕皮尼（Giovanni Papini）的《盲驾驶员》（*El piloto ciego*），西语美洲出版社。

《扁豆》：出自戴迈乐（Anthony de Mello）的《鸟啼》（*El canto del pájaro*），卢曼出版社。

《十诫》：作者改编自嘉里克斯神父（Franz Jalics）所述的一则基督教故事。

《静修处的猫》：出自奥绍（Osho）的《圣火》（*El fuego sagrado*），人文出版社。

《测谎仪》：作者原创。

《奴隶的梦》：出自L.克林伯格（L. Klicksberg）引述的苏格拉底的一个观点。

《盲人之妻》：作者改编自塞内加尔传统故事。

《处决》：来源于伊德里斯·沙阿（Idries Shah）的一则苏菲寓言，《东方思想家》（*Pensadores de Oriente*），基尔出版社。

《公正的法官》：作者改编自莫斯·罗伯茨（Moss Roberts）编《中

国神奇故事》（*Los cuentos fantásticos de China*），1982，批判社。

《真相商店》：改编自戴迈乐（Anthony de Mello）的《鸟啼》（*El canto del pájaro*），卢曼出版社。

《问题》：作者原创。

《种枣椰树的人》：作者改编自利奥·罗斯滕（Leo Rosten）的《犹太语录宝库》（*Treasury of Jewish Quotations*），班塔姆图书。

《自我憎恶》：灵感来自J.布拉德肖缩引利奥·布思的一首诗。

《隐藏的宝石》（即后记中提到的那个故事）：灵感来自M.埃德里（M. Edery）犹太教教士讲的《塔木德》中的一个故事。

心理医生的故事盒子

作者 _ [阿根廷] 豪尔赫·布卡伊　译者 _ 梅静

编辑 _ 周喆　　装帧设计 _ 肖雯　　主管 _ 阴牧云

技术编辑 _ 顾逸飞　　责任印制 _ 梁拥军　　策划人 _ 贺彦军

营销团队 _ 毛婷 魏洋 礼佳怡

果麦
www.goldmye.com

以 微 小 的 力 量 推 动 文 明

著作权合同登记号：06-2022 年第 139 号

© 豪尔赫·布卡伊 2022

图书在版编目（CIP）数据

心理医生的故事盒子 /（阿根廷）豪尔赫·布卡伊著；
梅静译. -- 沈阳 ：万卷出版有限责任公司，2022.12（2025.9 重印）
ISBN 978-7-5470-6113-8

Ⅰ.①心… Ⅱ.①豪… ②梅… Ⅲ.①心理学—通俗
读物 Ⅳ.① B84-49

中国版本图书馆 CIP 数据核字（2022）第 196072 号

DÉJAME QUE TE CUENTE
© 1999 by Jorge Bucay
The translation follows the edition by RBA Libros, S.A., Barcelona 2002
Published by arrangement with UnderCover Literary Agents
The simplified Chinese translation rights arranged through Rightol Media

出 品 人：王维良
出版发行：万卷出版有限责任公司
　　　　　（地址：沈阳市和平区十一纬路 29 号　邮编：110003）
印 刷 者：河北鹏润印刷有限公司
经 销 者：果麦文化传媒股份有限公司
幅面尺寸：140 mm×200 mm
字　　数：200 千字
印　　张：8.5
出版时间：2022 年 12 月第 1 版
印刷时间：2025 年 9 月第 12 次印刷
责任编辑：姜佶睿
责任校对：张　莹
装帧设计：肖　雯
ISBN 978-7-5470-6113-8
定　　价：49.80 元
联系电话：024-23284090
传　　真：024-23284448